R -

MÉMOIRES

SUR

L'ACTION MUTUELLE de deux courans
électriques, sur celle qui existe entre un
courant électrique et un aimant ou le
globe terrestre, et celle de deux aimans
l'un sur l'autre.

... à l'Académie royale des Sciences.

PAR M. AMPÈRE.

(*Extrait des Annales de Chimie et de Physique.*)

DE L'IMPRIMERIE DE FEUGUERAY,
rue du Cloître Saint-Benoît, n° 4.

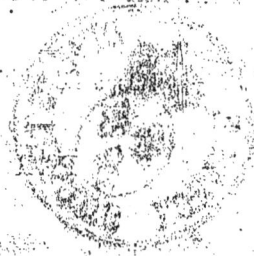

PREMIER MÉMOIRE.

*De l'Action exercée sur un courant électrique,
par un autre courant, le globe terrestre ou un
aimant.*

§ Ier. *De l'Action mutuelle de deux courans électriques.*

L'ACTION électro-motrice se manifeste par deux sortes
d'effets que je crois devoir d'abord distinguer par une
définition précise.

J'appellerai le premier *tension électrique*, le second
courant électrique.

Le premier s'observe lorsque les deux corps entre lesquels l'action électro-motrice a lieu sont séparés l'un de
l'autre (1) par des corps non conducteurs dans tous les
points de leur surface autres que ceux où elle est éta-
blie ; le second est celui où ils font, au contraire, partie
d'un circuit de corps conducteurs qui les font communiquer par des points de leur surface différens de ceux où
se produit l'action électro-motrice (2). Dans le premier

---

(1) Quand cette séparation a lieu par la simple interruption des corps conducteurs, c'est encore par un corps non
conducteur, par l'air, qu'ils sont séparés.

(2) Ce cas comprend celui où les deux corps ou systèmes
de corps entre lesquels a lieu l'action électro-motrice, seraient en communication complète avec le réservoir commun
qui ferait alors partie du circuit.

cas, l'effet de cette action est de mettre les deux corps ou les deux systèmes de corps entre lesquels elle a lieu, dans deux états de tension dont la différence est constante lorsque cette action est constante, lorsque, par exemple, elle est produite par le contact de deux substances de nature différente ; cette différence serait variable, au contraire, avec la cause qui la produit, si elle était due à un frottement ou à une pression.

Ce premier cas est le seul qui puisse avoir lieu lorsque l'action électro-motrice se développe entre les diverses parties d'un même corps non conducteur ; la tourmaline en offre un exemple quand elle change de température.

Dans le second cas, il n'y a plus de tension électrique, les corps légers ne sont plus sensiblement attirés, et l'électromètre ordinaire ne peut plus servir à indiquer ce qui se passe dans le corps ; cependant l'action électro-motrice continue d'agir ; car si de l'eau, par exemple, un acide, un alcali ou une dissolution saline font partie du circuit, ces corps sont décomposés, surtout quand l'action électro-motrice est constante, comme on le sait depuis long-temps ; et en outre, ainsi que M. OErsted vient de le découvrir, quand l'action électro-motrice est produite par le contact des métaux, l'aiguille aimantée est détournée de sa direction lorsqu'elle est placée près d'une portion quelconque du circuit ; mais ces effets cessent, l'eau ne se décompose plus, et l'aiguille revient à sa position ordinaire dès qu'on interrompt le circuit, que les tensions se rétablissent, et que les corps légers sont de nouveau attirés, ce qui prouve bien que ces tensions ne sont pas cause de la décomposition de l'eau , ni des changemens de direction de l'aiguille ai-mantée découverts par M. OErsted.

Ce second cas est évidemment le seul qui pût avoir lieu si l'action électro-motrice se développait entre les diverses parties d'un même corps conducteur. Les consé-quences déduites, dans ce Mémoire, des expériences de M. OErsted nous conduiront à reconnaître l'existence de cette circonstance dans le seul cas où il y ait lieu jus-qu'à présent de l'admettre.

Voyons maintenant à quoi tient la différence de ces deux ordres de phénomènes entièrement distincts , dont l'un consiste dans la tension et les attractions ou répulsions connues depuis long-temps , et l'autre dans la décomposition de l'eau et d'un grand nombre d'autres substances , dans les changemens de direction de l'ai-guille, et dans une sorte d'attractions et de répulsions toutes différentes des attractions et répulsions électriques ordi-naires ; que je crois avoir reconnu le premier, et que j'ai nommé *attractions et répulsions des courans électriques* , pour les distinguer de ces dernières. Lorsqu'il n'y a pas continuité de conducteurs d'un des corps ou des systèmes de corps entre lesquels se développe l'action électro-motrice à l'autre, et que ces corps sont eux-mêmes conducteurs , comme dans la pile de Volta, on ne peut concevoir cette action que comme portant constamment l'électricité posi-tive dans l'un , et l'électricité négative dans l'autre : dans le premier moment , où rien ne s'oppose à l'effet qu'elle tend à produire , les deux électricités s'accumulent cha-cune dans la partie du système total vers laquelle elle est portée; mais cet effet s'arrête dès que la différence des

tensions électriques (1) donne à leur attraction mutuelle,
qui tend à les réunir, une force suffisante pour faire équilibre à l'action électro-motrice. Alors tout reste dans cet
état, sauf la déperdition d'électricité qui peut avoir lieu
peu à peu à travers le corps non conducteur, l'air, par
exemple, qui interrompt le circuit; car il paraît qu'il
n'existe pas de corps qui soit absolument isolant. A
mesure que cette déperdition a lieu, la tension diminue; mais comme dès qu'elle est moindre l'attraction
mutuelle des deux électricités cesse de faire équilibre à
l'action électro-motrice, cette dernière force, dans le
cas où elle est constante, porte de nouveau de l'électricité positive d'un côté, et de l'électricité négative de
l'autre, et les tensions se rétablissent. C'est cet état
d'un système de corps électro-moteurs et conducteurs que
je nomme *tension électrique*. On sait qu'il subsiste dans
les deux moitiés de ce système; soit lorsqu'on vient à
les séparer, soit dans le cas même où elles restent en
contact après que l'action électro-motrice a cessé, pourvu
qu'alors elle ait eu lieu par pression ou par frottement
entre des corps qui ne soient pas tous deux conducteurs.
Dans ces deux cas, les tensions diminuent graduellement
à cause de la déperdition d'électricité dont nous parlions
tout-à-l'heure.

Mais lorsque les deux corps ou les deux systèmes de

_____

(1) Quand la pile est isolée, cette différence est la somme
des deux tensions, l'une positive, l'autre négative : quand
une de ses extrémités communiquant avec le réservoir commun a une tension nulle, la même différence a une valeur
absolue égale à celle de la tension à l'autre extrémité.

corps entre lesquels l'action électro-motrice a lieu sont
d'ailleurs en communication par des corps conducteurs
entre lesquels il n'y a pas une autre action électro-motrice
égale et opposée à la première, ce qui maintiendrait l'état
d'équilibre électrique, et par conséquent les tensions
qui en résultent, ces tensions disparaissent ou du moins
deviennent très-petites, et il se produit les phénomènes
indiqués ci-dessus comme caractérisant ce second cas.
Mais comme rien n'est d'ailleurs changé dans l'arrangement des corps entre lesquels se développait l'action
électro-motrice, on ne peut douter qu'elle ne continue
d'agir, et comme l'attraction mutuelle des deux électricités, mesurée par la différence des tensions électriques
qui est devenue nulle, ou a considérablement diminué,
ne peut plus faire équilibre à cette action, on est géné-
ralement d'accord qu'elle continue à porter les deux
électricités dans les deux sens où elle les portait auparavant ; en sorte qu'il en résulte un double courant,
l'un d'électricité positive, l'autre d'électricité négative,
partant en sens opposés des points où l'action électro-
motrice a lieu, et allant se réunir dans la partie du
circuit opposée à ces points. Les courans dont je parle
vont en s'accélérant jusqu'à ce que l'inertie des fluides
électriques et la résistance qu'ils éprouvent par l'imper-
fection même des meilleurs conducteurs fassent équilibre à la force électro-motrice, après quoi ils continuent
indéfiniment avec une vitesse constante tant que cette force
conserve la même intensité ; mais ils cessent toujours à
l'instant où le circuit vient à être interrompu. C'est cet état
de l'électricité dans une série de corps électro-moteurs et
conducteurs, que je nommerai, pour abréger, *courant*

électrique; et comme j'aurai sans cesse à parler des deux sens opposés suivant lesquels se meuvent les deux électricités, je sous-entendrai toutes les fois qu'il en sera question, pour éviter une répétition fastidieuse, après les mots *sens du courant électrique,* ceux-ci : de l'*électricité positive;* en sorte que s'il est question, par exemple, d'une pile voltaïque, l'expression : *direction du courant électrique dans la pile,* désignera la direction qui va de l'extrémité où l'hydrogène se dégage dans la décomposition de l'eau, à celle où l'on obtient de l'oxigène; et celle-ci : *direction du courant électrique dans le conducteur qui établit la communication entre les deux extrémités de la pile,* désignera la direction qui va, au contraire, de l'extrémité où se produit l'oxigène à celle où se développe l'hydrogène. Pour embrasser ces deux cas dans une seule définition, on peut dire que ce qu'on appelle la direction du courant électrique est celle que suivent l'hydrogène et les bases des sels, lorsque de l'eau ou une substance saline fait partie du circuit et est décomposée par le courant, soit, dans la pile voltaïque, que ces substances fassent partie du conducteur, ou qu'elles se trouvent interposées entre les paires dont se compose la pile.

Les savantes recherches de MM. Gay-Lussac et Thenard sur cet appareil, source féconde des plus grandes découvertes dans presque toutes les branches des sciences physiques, ont démontré que la décomposition de l'eau, des sels, etc. n'est nullement produite par la différence de tension des deux extrémités de la pile, mais uniquement par ce que je nomme *le courant électrique,* puisqu'en faisant plonger dans l'eau pure les deux fils con-

ucteurs la décomposition est presque nulle ; tandis
que quand, sans rien changer à la disposition du reste
de l'appareil, on mêle à l'eau où plongent les fils
un acide ou une dissolution saline, cette décomposition
devient très-rapide, parce que l'eau pure est un mauvais conducteur, et qu'elle conduit bien l'électricité
quand elle est mêlée d'une certaine quantité de ces substances.

Or, il est bien évident que la tension électrique des
extrémités des fils qui plongent dans le liquide ne saurait
être augmentée dans le second cas ; elle ne peut qu'être
diminuée à mesure que ce liquide devient meilleur conducteur ; ce qui augmente dans ce cas, c'est le courant
électrique ; c'est donc à lui seul qu'est due la décomposition de l'eau et des sels. Il est aisé de constater que
c'est lui seul aussi qui agit sur l'aiguille aimantée dans
les expériences de M. OErsted. Il suffit pour cela de
placer une aiguille aimantée sur une pile horizontale
dont la direction soit à-peu-près dans le méridien magnétique ; tant que ses extrémités ne communiquent point,
l'aiguille conserve sa direction ordinaire. Mais si l'on
attache à l'une d'elles un fil métallique, et qu'on en
mette l'autre extrémité en contact avec celle de la pile,
l'aiguille change subitement de direction, et reste dans
sa nouvelle position tant que dure le contact et que la
pile conserve son énergie ; ce n'est qu'à mesure qu'elle
la perd, que l'aiguille se rapproche de sa direction ordinaire ; au lieu que si on fait cesser le courant électrique
en interrompant la communication, elle y revient à
l'instant. Cependant c'est cette communication même
qui fait cesser ou diminue considérablement les tensions

électriques ; ce ne peut donc être ces tensions, mais seulement le courant qui influe sur la direction de l'aiguille aimantée. Lorsque de l'eau pure fait partie du circuit, et que la décomposition en est à peine sensible, l'aiguille aimantée placée au-dessus ou au-dessous d'une autre portion du circuit est aussi faiblement déviée ; l'acide nitrique qu'on mêle à cette eau, sans rien changer d'ailleurs à l'appareil, augmente cette déviation en même temps qu'elle rend plus rapide la décomposition de l'eau.

L'électromètre ordinaire indique quand il y a tension et l'intensité de cette tension ; il manquait un instrument qui fit connaître la présence du courant électrique dans une pile ou un conducteur, qui en indiquât l'énergie et la direction. Cet instrument existe aujourd'hui ; il suffit que la pile ou une portion quelconque du conducteur soient placées horizontalement à-peu-près dans la direction du méridien magnétique, et qu'un appareil semblable à une boussole, et qui n'en diffère que par l'usage qu'on en fait, soit mis sur la pile, ou bien au-dessous ou au-dessus de cette portion du conducteur : tant qu'il y a quelque interruption dans le circuit, l'aiguille aimantée reste dans sa situation ordinaire ; mais elle s'écarte de cette situation, dès que le courant s'établit, d'autant plus que l'énergie en est plus grande, et elle en fait connaître la direction d'après ce fait général, que si l'on se place par la pensée dans la direction du courant, de manière qu'il soit dirigé des pieds à la tête de l'observateur, et que celui-ci ait la face tournée vers l'aiguille ; c'est constamment à sa gauche que l'action du courant écartera de sa position ordinaire celle de ses extrémités qui se dirige vers le nord, et que je nommerai toujours *pole austral*

de l'aiguille aimantée, parce que c'est le pole homo-
logue au pole austral de la terre. C'est ce que j'expri-
merai plus brièvement en disant que le pole austral de
l'aiguille est portée à gauche du courant qui agit sur l'aiguille. Je pense que pour distinguer cet instrument de
l'électromètre ordinaire, on doit lui donner le nom de
galvanomètre, et qu'il convient de l'employer dans
toutes les expériences sur les courans électriques, comme
on adapte habituellement un électromètre aux machines
électriques, afin de voir à chaque instant si le courant
a lieu, et quelle en est l'énergie.

Le premier usage que j'aie fait de cet instrument a
été de l'employer à constater que le courant qui existe
dans la pile voltaïque, de l'extrémité négative à l'extrémité positive, avait sur l'aiguille aimantée la même influence que le courant du conducteur qui va, au contraire, de l'extrémité positive à la négative.

Il est bon d'avoir pour cela deux aiguilles aimantées,
l'une placée sur la pile et l'autre au-dessus ou au-dessous
du conducteur; on voit le pole austral de chaque aiguille se porter à gauche du courant près duquel elle
est placée; en sorte que quand la seconde est au-dessus
du conducteur, elle est portée du côté opposé à celui
vers lequel tend l'aiguille posée sur la pile, à cause que
les courans ont des directions opposées dans ces deux
portions du circuit; les deux aiguilles sont, au contraire, portées du même côté, en restant à-peu-près parallèles entre elles, quand l'une est au-dessus de la pile
et l'autre au-dessous du conducteur (1). Dès qu'on inter-

---

(1) Pour que cette expérience ne laisse aucun doute sur
l'action du courant qui est dans la pile, il convient de la faire

rompt le circuit, elles reviennent aussitôt, dans les deux cas, à leur position ordinaire.

Telles sont les différences reconnues avant moi entre les effets produits par l'électricité dans les deux états que je viens de décrire, et dont l'un consiste sinon dans le repos, du moins dans un mouvement lent et produit seulement par la difficulté d'isoler complètement les corps où se manifeste la tension électrique, l'autre dans un double courant d'électricité positive et négative le long d'un circuit continu de corps conducteurs. On conçoit alors, dans la théorie ordinaire de l'électricité, que les deux fluides dont on la considère comme composée, sont sans cesse séparés l'un de l'autre dans une partie du circuit, et portés rapidement en sens contraire dans une autre partie du même circuit où ils se réunissent continuellement. Quoique le courant électrique ainsi défini puisse être produit avec une machine ordinaire, en la disposant de manière à développer les deux électricités, et en joignant par un conducteur les deux parties de l'appareil où elles se produisent, on ne peut, à moins de se servir de très-grandes machines, obtenir ce courant avec une certaine énergie qu'à l'aide de la pile voltaïque, parce que la quantité de l'électricité produite par la machine à frottement reste la même dans un temps donné, quelle que soit la faculté conductrice du reste du circuit, au lieu que celle que la

---

comme je l'ai faite avec une pile à auges dont les plaques de zinc soient soudées à celles de cuivre par toute l'étendue d'une de leurs faces, et non pas simplement par une branche de métal qu'on pourrait regarder avec raison comme une portion de conducteur.

pile met en mouvement pendant un même temps croît indéfiniment à mesure que l'on en réunit les deux extrémités par un meilleur conducteur.

Mais les différences que je viens de rappeler ne sont pas les seules qui distinguent ces deux états de l'électricité. J'en ai découvert de plus remarquables encore en disposant, dans des directions parallèles, deux parties rectilignes de deux fils conducteurs joignant les extrémités de deux piles voltaïques ; l'une était fixe, et l'autre, suspendue sur des pointes et rendue très-mobile par un contre-poids, pouvait s'en approcher ou s'en éloigner en conservant son parallélisme avec la première. J'ai observé alors qu'en faisant passer à la fois un courant électrique dans chacune d'elles, elles s'attiraient mutuellement quand les deux courans étaient dans le même sens, et qu'elles se repoussaient quand ils avaient lieu dans des directions opposées.

Or, ces attractions et répulsions des courans électriques diffèrent essentiellement de celles que l'électricité produit dans l'état de repos ; d'abord, elles cessent comme les décompositions chimiques, à l'instant où l'on interrompt le circuit des corps conducteurs. Secondement, dans les attractions et répulsions électriques ordinaires, ce sont les électricités d'espèces opposées qui s'attirent, et celles de même nom se repoussent ; dans les attractions et répulsions des courans électriques, c'est précisément le contraire, c'est lorsque les deux fils conducteurs sont placés parallèlement, de manière que les extrémités de même nom se trouvent du même côté et très-près l'une de l'autre, qu'il y a attraction, et il y a répulsion quand les deux conducteurs étant toujours parallèles, les courans sont en sens opposés, en sorte que les extrémités de même nom se trouvent à la plus grande distance possible. Troisièmement, dans le cas où c'est l'attraction qui a lieu, et qu'elle est assez forte pour amener le conducteur mobile en contact avec le conducteur fixe, ils restent attachés l'un à l'autre comme deux aimans, et ne se séparent point aussitôt, comme il arrive lorsque deux corps conducteurs qui s'attirent parce qu'ils sont électrisés, l'un positivement, l'autre négativement, viennent à se toucher. Enfin, et il paraît que cette dernière circonstance tient à la même cause que la précédente, deux courans électriques s'attirent ou se repoussent dans le vide comme dans l'air; ce qui est encore contraire à ce qu'on observe dans l'action mutuelle de deux corps conducteurs électrisés à l'ordinaire. Il ne s'agit pas ici d'expliquer ces nouveaux phénomènes, les attractions et répulsions qui ont lieu entre deux courans parallèles, suivant qu'ils sont dirigés dans le même sens ou dans des sens opposés, sont des faits donnés par une expérience aisée à répéter. Il est nécessaire, pour prévenir dans cette expérience les mouvemens qu'imprimeraient au conducteur mobile les petites agitations de l'air, de placer l'appareil sous une cage en verre sous laquelle on fait passer, dans le socle qui la porte, les portions des conducteurs qui doivent communiquer avec les deux extrémités de la pile. La disposition la plus commode de ces conducteurs est d'en placer un sur deux appuis dans une situation horizontale où il est immobile, de suspendre l'autre par deux fils métalliques qui font corps avec lui, à un axe de verre qui se trouve au-dessus du premier conducteur, et

qui repose, par des pointes d'acier très-fines, sur deux
autres appuis de métal; ces pointes sont soudées aux deux
extrémités des fils métalliques dont je viens de parler;
en sorte que la communication s'établit par les appuis à
l'aide de ces pointes. (*Voyez* la figure de cet appareil,
planc. 1, fig. 1.)

Les deux conducteurs se trouvent ainsi parallèles, et
à coté l'un de l'autre, dans un même plan horizontal;
l'un d'eux est mobile par les oscillations qu'il peut faire
autour de la ligne horizontale passant par les extrémités
des deux pointes d'acier, et, dans ce mouvement, il reste
nécessairement parallèle au conducteur fixe.

On ajoute au-dessus et au milieu de l'axe de verre un
contre-poids, pour augmenter la mobilité de la partie de
l'appareil susceptible d'ociller, en en élevant le centre de
gravité.

J'avais cru d'abord qu'il faudrait établir le courant
électrique dans les deux conducteurs au moyen de deux
piles différentes; mais cela n'est pas nécessaire, il suffit
que ces conducteurs fassent tous deux partie du même
circuit; car le courant électrique y existe par-tout avec
la même intensité. On doit conclure de cette observation que les tensions électriques des deux extrémités de
la pile ne sont pour rien dans les phénomènes dont nous
nous occupons; car il n'y a certainement pas de tension
dans le reste du circuit. Ce qui est encore confirmé par
la possibilité de faire mouvoir l'aiguille aimantée à
une grande distance de la pile, au moyen d'un conducteur très-long dont le milieu se recourbe dans la direction du méridien magnétique au-dessus ou au-dessous de
l'aiguille. Cette expérience m'a été indiquée par le savant

illustre auquel les sciences physico-mathématiques doivent surtout les grands progrès qu'elles ont faits de nos jours : elle a pleinement réussi.

Désignons par A et B les deux extrémités du conducteur fixe, par C celle du conducteur mobile qui est du côté de A, et par D celle du même conducteur qui est du côté de B; il est clair que si une des extrémités de la pile est mise en communication avec A, B avec C, et D avec l'autre extrémité de la pile, le courant électrique sera, dans le même sens, dans les deux conducteurs; c'est alors qu'on les verra s'attirer : si, au contraire, A communiquant toujours à une extrémité de la pile, B communique avec D, et C avec l'autre extrémité de la pile, le courant sera en sens opposé dans les deux conducteurs, et c'est alors qu'ils se repousseront.

L'instrument dont je me sers pour faire cette expérience, représenté planc. 1re, fig. 1re, est placé sur un socle mn, auquel est attaché le cadre qui porte la cage de verre destinée à mettre tout l'appareil à l'abri des petites agitations de l'air. Au dehors de cette cage, j'ai disposé quatre coupes en buis R, S, T, U (1); pour y

(1) Il est préférable, quoique cela ne soit pas nécessaire au succès des expériences, d'isoler ces coupes comme je l'ai fait depuis dans d'autres appareils, parce que, quoique le buis soit un assez mauvais conducteur pour qu'il n'y ait qu'une petite partie du courant électrique qui puisse s'établir à travers ce corps, quelques observations me portent à soupçonner qu'il y en a quelques portions qui prennent cette route, surtout quand l'air est humide, et qu'on a par conséquent des effets un peu plus grands quand les coupes sont isolées, ou, ce qui est plus simple et revient au même, quand elles sont remplacées par de petits vases de verre.

mettre du mercure dans lequel plongent des fils de laiton qui traversent le cadre sur lequel elle repose, et qui sont soudés aux quatre supports M, N, P, Q, dont les deux premiers portent le conducteur fixe AB, qu'on peut éloigner ou rapprocher de l'autre, en faisant glisser ces supports dans les fentes I, J, où on les fixe à volonté au moyen d'écrous placés sous le socle, et les deux autres P, Q sont terminées par les chapes en acier X, Y, assez grandes pour retenir les globules de mercure qu'on y place, et où plongent deux pointes d'acier attachées aux boîtes en cuivre E, F, dans lesquelles entrent les deux extrémités d'un tube de verre OZ portant à son milieu une autre boîte en cuivre à laquelle est soudé un tube de cuivre V dans lequel entre à frottement la tige d'un contre-poids H; cette tige est coudée, comme on le voit dans la figure, afin de faire varier la position du centre de gravité de toute la partie mobile de l'appareil, en faisant tourner la tige coudée sur elle-même dans le tube de cuivre. On peut approcher ou éloigner ces supports l'un de l'autre en les faisant glisser dans la fente KL, où on les fixe à la distance qu'on veut, à l'aide d'écrous placés sous le socle. Aux deux boîtes de cuivre E, F, sont soudées les deux extrémités du fil de laiton $ECDF$, dont la partie CD, parallèle à AB, est ce que j'ai nommé le *conducteur mobile*.

Quand on veut faire usage de cet appareil, après avoir fixé les deux supports P, Q, à une distance telle que les centres des chapes X, Y correspondent aux pointes d'acier portées par les boîtes E, F, et les supports M, N, à la distance des deux premiers qu'on juge la plus convenable, on place ces pointes d'acier dans les

2

chapes, et on fait tourner la tige du contre-poids H, dans
le cylindre creux V, jusqu'à ce que le conducteur mobile
reste de lui-même dans la position qu'on veut lui donner,
les branches EC, FD, qui en font partie, étant à-peu-
près verticales ; alors, si l'on veut mettre en évidence
l'attraction des deux courans lorsqu'ils ont lieu dans le
même sens, on établit, par un fil de laiton passant par-
dessous l'instrument, et dont les extrémités se recourbent
pour plonger dans deux des coupes de buis, telles que R
et U ou S et T, la communication entre des extrémités
opposées des deux conducteurs AB, CD, et on fait
communiquer les deux coupes restantes avec les extrémités de la pile, par deux autres fils de laiton. Si c'est
la répulsion qu'on se propose d'observer, il faut que le
premier fil de laiton établisse la communication entre
deux coupes telles que R et S ou T et U correspondantes à des extrémités des deux conducteurs situées du
même côté, tandis qu'on fait communiquer avec les extrémités de la pile les deux coupes placées du côté
opposé.

Ces coupes donnent, quand on le veut, le moyen de
n'établir le courant électrique que dans un seul conducteur, en plongeant les deux fils partant des extrémités de
la pile dans le mercure des deux coupes qui communiquent avec ce conducteur. Cette disposition de quatre
coupes de buis arrangées de cette manière, se retrou-
vant dans plusieurs appareils que j'aurai bientôt à
décrire, je l'explique ici une fois pour toutes, et je me
contenterai de les représenter dans les figures de ces
instrumens, sans en parler dans le texte, pour éviter des
répétitions inutiles.

On conçoit, au reste, que les attractions et répulsions des courans électriques ayant lieu à tous les points du circuit, on peut avec un seul conducteur fixe attirer et repousser autant de conducteurs et faire varier la direction d'autant d'aiguilles aimantées que l'on veut : je me propose de faire construire deux conducteurs mobiles sous une même cage de verre, en sorte qu'en les rendant, ainsi qu'un conducteur fixe commun, partie d'un même circuit, ils soient alternativement tous deux attirés, tous deux repoussés, ou l'un attiré, l'autre repoussé en même temps, suivant la manière dont on établira les communications. D'après le succès de l'expérience que m'a indiquée M. le marquis de Laplace, on pourrait, au moyen d'autant de fils conducteurs et d'aiguilles aimantées qu'il y a de lettres, et en plaçant chaque lettre sur une aiguille différente, établir à l'aide d'une pile placée loin de ces aiguilles, et qu'on ferait communiquer alternativement par ses deux extrémités à celles de chaque conducteur, former une sorte de télégraphe propre à écrire tous les détails qu'on voudrait transmettre, à travers quelques obstacles que ce fût, à la personne chargée d'observer les lettres placées sur les aiguilles. En établissant sur la pile un clavier dont les touches porteraient les mêmes lettres et établiraient la communication par leur abaissement, ce moyen de correspondance pourrait avoir lieu avec assez de facilité, et n'exigerait que le temps nécessaire pour toucher d'un côté et lire de l'autre chaque lettre (1).

---

(1) Depuis la rédaction de ce Mémoire, j'ai su de M. Arago que ce télégraphe avait déjà été proposé par M. Sœmmering :

Si le conducteur mobile, au lieu d'être assujetti à se mouvoir parallèlement à celui qui est fixe, ne peut que tourner dans un plan parallèle à ce conducteur fixe, autour d'une perpendiculaire commune passant par leurs milieux, il est clair que, d'après la loi que nous venons de reconnaître pour les attractions et répulsions des courans électriques, les deux moitiés de chaque conducteur attireront et repousseront celles de l'autre, suivant que les courans seront dans le même sens ou dans des sens opposés; et par conséquent que le conducteur mobile tournera jusqu'à ce qu'il arrive dans une situation où il soit parallèle à celui qui est fixe, et où les courans soient dirigés dans le même sens : d'où il suit que dans l'action mutuelle de deux courans électriques, l'action directrice et l'action attractive ou répulsive dépendent d'un même principe, et ne sont que des effets différens d'une seule et même action. Il n'est plus nécessaire alors d'établir entre ces deux effets la distinction qu'il est si important de faire, comme nous le verrons tout-à-l'heure, quand il s'agit de l'action mutuelle d'un courant électrique et d'un aimant considéré comme on le fait ordinairement par rapport à son axe, parce que, dans cette action, les deux corps tendent à se placer dans des directions perpendiculaires entre elles.

J'examinerai, dans les autres paragraphes de ce Mémoire et dans le Mémoire suivant, l'action mutuelle entre

à cela près qu'au lieu d'observer le changement de direction des aiguilles aimantées, qui n'était point connu alors, l'auteur proposait d'observer la décomposition de l'eau dans autant de vases qu'il y a de lettres.

un courant électrique et le globe terrestre où un aimant, ainsi que celle de deux aimans l'un sur l'autre, et je montrerai qu'elles rentrent l'une et l'autre dans la loi de l'action mutuelle de deux courans électriques que je viens de faire connaître, en concevant sur la surface et dans l'intérieur d'un aimant autant de courans électriques, dans des plans perpendiculaires à l'axe de cet aimant, qu'on y peut concevoir de lignes formant, sans se couper mutuellement, des courbes fermées ; en sorte qu'il ne me paraît guère possible, d'après le simple rapprochement des faits, de douter qu'il n'y ait réellement de tels courans autour de l'axe des aimans, ou plutôt que l'aimantation ne consiste que dans l'opération par laquelle on donne aux particules de l'acier la propriété de produire, dans le sens des courans dont nous venons de parler, la même action électromotrice qui se trouve dans la pile voltaïque, dans le zinc oxidé des minéralogistes, dans la tourmaline échauffée, et même dans une pile formée de cartons mouillés et de disques d'un même métal à deux températures différentes. Seulement cette action électromotrice se développant dans le cas de l'aimant entre les différentes particules d'un même corps bon conducteur, elle ne peut jamais, comme nous l'avons fait remarquer plus haut, produire aucune tension électrique, mais seulement un courant continu semblable à celui qui aurait lieu dans une pile voltaïque rentrant sur elle-même en formant une courbe fermée : il est assez évident, d'après les observations précédentes, qu'une pareille pile ne pourrait produire en aucun de ses points ni tensions ni attractions ou répulsions électriques ordinaires, ni phénomènes chimiques, puisqu'il est alors impossible d'interposer un liquide dans le circuit; mais que le courant qui s'établirait immédiatement dans cette pile agirait, pour le diriger, l'attirer ou le repousser, soit sur un autre courant électrique, soit sur un aimant que l'on considère alors comme n'étant lui-même qu'un assemblage de courans électriques.

C'est ainsi qu'on parvient à ce résultat inattendu, que les phénomènes de l'aimant sont uniquement produits par l'électricité, et qu'il n'y a aucune autre différence entre les deux poles d'un aimant, que leur position à l'égard des courans dont se compose l'aimant, en sorte que le pole austral (1) est celui qui se trouve à droite de ces courans, et le pole boréal celui qui se trouve à gauche.

Avant de m'occuper de ces recherches, de décrire les expériences que j'ai faites sur ces divers genres d'action, et d'en déduire les conséquences que je viens d'indiquer, je crois devoir compléter le sujet que je traite ici en exposant les nouveaux résultats que j'ai obtenus depuis que ce qui précède a été publié dans les *Annales de Chimie et de Physique.* Ces résultats ont été communiqués à l'Académie des Sciences, dans deux Mémoires, dont l'un a été lu le 9 octobre et l'autre le 6 novembre.

La première expérience que j'aie ajoutée à celles que

(1) Celui qui, dans l'aiguille aimantée, se dirige du côté du nord; il est à droite des courans dont se compose l'aimant, parce qu'il est à gauche d'un courant dirigé dans le même sens et placé hors de l'aiguille; en effet, d'après la définition donnée précédemment de ce qu'on doit entendre par la droite et la gauche des courans électriques, ceux que j'admets dans l'aiguille et ceux qui sont ainsi placés, et que l'on considère comme agissant sur elle, se font face de manière que la droite des uns est à la gauche des autres, et réciproquement.

je viens de décrire a été faite avec l'instrument représenté pl. 1re, fig. 2.

Le courant électrique, arrivant dans cet instrument
par le support CA (*fig.* 2), parcourait d'abord le conducteur AB, redescendait par le support BDE; de ce support, par la petite chape d'acier F, où je plaçais un globule de mercure, et dans laquelle tournait le pivot d'a-
cier de l'axe de verre GH, le courant se communiquait
à la boîte de cuivre I et au conducteur $KLMNOPQ$,
dont l'extrémité Q plongeait dans du mercure mis en
communication avec l'autre extrémité de la pile; les
choses étant ainsi disposées, il est clair que, dans la
situation où ce conducteur est représenté et où je le
mettais d'abord en l'appuyant contre l'appendice T du
premier conducteur, le courant de la partie MN était
en sens contraire de celui de AB, tandis que quand on
faisait décrire une demi-circonférence à $KLMNOPQ$,
les deux courans se trouvaient dans le même sens.

J'ai vu alors se produire l'effet que j'attendais; à
l'instant où le circuit a été fermé, la partie mobile de
l'appareil a tourné par l'action mutuelle de cette partie et
du conducteur fixe AB, jusqu'à ce que les courans, qui
étaient d'abord en sens contraire, vinssent se placer de
manière à être parallèles et dans le même sens. La vitesse
acquise lui faisait dépasser cette dernière position ; mais
elle y revenait, repassait un peu au-delà, et finissait par
s'y fixer après quelques oscillations.

La manière dont je conçois l'aimant comme un assemblage de courans électriques dans des plans perpendiculaires à la ligne qui en joint les poles, me fit d'abord
chercher à en imiter l'action par des conducteurs pliés

en hélice, dont chaque spire me représentait un courant disposé comme ceux d'un aimant, et ma première idée fut que l'obliquité de ces spires pouvait être négligée quand elles avaient peu de hauteur : je ne faisais pas alors attention qu'à mesure que cette hauteur diminue, le nombre des spires, pour une longueur donnée, augmente dans le même rapport, et que par conséquent, comme je l'ai reconnu plus tard, l'effet de cette obliquité reste toujours le même.

J'annonçai, dans le Mémoire lu à l'Académie le 18 septembre, l'intention où j'étais de faire construire des hélices en fil de laiton pour imiter tous les effets de l'aimant, soit d'un aimant fixe avec une hélice fixe, soit d'une aiguille aimantée avec une hélice roulée autour d'un tube de verre suspendu à son milieu sur une pointe très-fine comme l'aiguille d'une boussole (1). J'espérais que non-seulement les extrémités de cette hélice seraient attirées et repoussées comme les poles d'une aiguille, par ceux d'un barreau aimanté, mais encore qu'elle se dirigerait par l'action du globe terrestre : j'ai réussi complètement à l'égard de l'action du barreau aimanté ; mais à l'égard de la force directrice de la terre, l'appareil n'était pas assez mobile, et cette force agissait par un bras de levier trop court pour produire l'effet desiré ; je ne l'ai obtenu que quelque temps après, à l'aide des appareils qui seront décrits dans le paragraphe suivant. Le fil de laiton dont est formée l'hélice que j'ai fait construire, entoure de ses spires les deux tubes de verre

---

(1) J'ai changé depuis ce mode de suspension ainsi que je vais le dire.

ACD, *BEF* (fig. 3), et se prolonge ensuite de part et d'autre en revenant par l'intérieur de ces tubes; ses deux extrémités sortent en *D* et en *F*, l'une *DG* descend verticalement, l'autre est recourbée comme on le voit en *FHK*; elles sont toutes deux terminées par des pointes d'acier qui plongent dans le mercure contenu dans les deux petites coupes *M* et *N* et mis en communication avec les deux extrémités de la pile, la pointe supérieure appuyant seule contre le fond de la coupe *N*. Je n'ai pas besoin de dire que celle des deux extrémités de cette aiguille à hélice électrique qui se trouve à droite des courans est celle qui présente, à l'égard du barreau aimanté, les phénomènes qu'offre le pole austral d'une aiguille de boussole, et l'autre ceux du pole boréal.

Je fis ensuite construire un appareil semblable à celui de la fig. 1re, dans lequel le conducteur fixe et le conducteur mobile étaient remplacés par des hélices de laiton entourant des tubes de verre, mais dont les prolongemens, au lieu de revenir par ces tubes, étaient mis en communication avec les deux extrémités de la pile, comme les conducteurs rectilignes de la fig. 1re. C'est en faisant usage de cet instrument que je découvris un fait nouveau qui ne me parut pas d'abord s'accorder avec les autres phénomènes que j'avais jusqu'alors observés dans l'action mutuelle de deux courans électriques ou d'un courant et d'un aimant; j'ai reconnu depuis qu'il n'a rien de contraire à l'ensemble de ces phénomènes, mais qu'il faut, pour en rendre raison, admettre comme une loi générale de l'action mutuelle des courans électriques, un principe que je n'ai encore vérifié d'une manière précise qu'à l'égard des courans dans des fils métalliques pliés en hélice, mais que je crois vrai en général, à l'égard des portions infiniment petites de courant électrique dont on doit concevoir tout courant d'une grandeur finie comme composé, lorsqu'on veut en calculer les effets, soit qu'il ait lieu suivant une ligne droite ou une courbe.

Pour se faire une idée nette de cette loi, il faut concevoir dans l'espace une ligne représentant en grandeur et en direction la résultante de deux forces qui sont semblablement représentées par deux autres lignes, et supposer, dans les directions de ces trois lignes, trois portions infiniment petites de courans électriques dont les intensités soient proportionnelles à leurs longueurs. La loi dont il s'agit consiste en ce que la petite portion de courant électrique, dirigée suivant la résultante, exerce, dans quelque direction que ce soit, sur un autre courant ou sur un aimant, une action attractive ou répulsive égale à celle qui résulterait, dans la même direction, de la réunion des deux portions de courans dirigées suivant les composantes. On conçoit aisément pourquoi il en est ainsi, dans le cas où l'on considère le courant dans un fil conducteur plié en hélice, à l'égard des actions qu'il exerce parallèlement à l'axe de l'hélice et dans des plans perpendiculaires à cet axe, puisqu'alors le rapport de la résultante et des composantes est le même pour chaque arc infiniment petit de cette courbe, ainsi que celui des actions produites par les portions de courans électriques correspondantes, d'où il suit que ce dernier rapport existe aussi entre les intégrales de ces actions. Au reste, si la loi dont nous venons de parler est vraie pour deux composantes relativement à leur résultante, elle ne peut manquer de l'être pour un nombre quelconque

de forces relativement à la résultante de toutes ces forces,
comme on le voit aisément, en l'appliquant successivement d'abord à deux des forces données, puis à leur résultante et à une autre de ces forces, et en continuant toujours de même jusqu'à ce qu'on arrive à la résultante de
toutes les forces données. Il suit de ce que nous venons
de dire relativement aux courans électriques dans des fils
pliés en hélice, que l'action produite par le courant de
chaque spire se compose de deux autres, dont l'une serait produite par un courant parallèle à l'axe de l'hélice ;
représenté en intensité par la hauteur de cette spire, et
l'autre par un courant circulaire représenté par la section
faite perpendiculairement à cet axe dans la surface cylindrique sur laquelle se trouve l'hélice ; et comme la somme
des hauteurs de toutes les spires, prise parallèlement à
l'axe de l'hélice, est nécessairement égale à cet axe, il s'ensuit qu'outre l'action produite par les courans circulaires
transversaux, que j'ai comparée à celle d'un aimant, l'hélice produit en même temps la même action qu'un courant d'égale intensité qui aurait lieu dans son axe.

Si l'on fait revenir par cet axe le fil conducteur qui
forme l'hélice, en l'enfermant dans un tube de verre placé
dans cette hélice pour l'isoler des spires dont elle se
compose, le courant de cette partie rectiligne du fil
conducteur étant en sens contraire de celui qui équi-
vaudrait à la partie de l'action de l'hélice qui a lieu parallèlement à son axe, repoussera ce que celui-ci attirerait,
et attirera ce qu'il repousserait ; l'action longitudinale de
l'hélice sera donc détruite par celle de la portion rectiligne
du conducteur, et il ne résultera de la réunion de celui-ci
avec l'hélice que la seule action des courans circulaires

transversáux, parfaitement semblable à celle d'un aimant cylindrique. Cette réunion avait lieu dans l'instrument représenté dans la fig. 3, sans que j'en eusse prévu les avantages, et c'est pour cela qu'il m'a présenté exactement les effets d'un aimant, et que les hélices où il ne revenait pas dans l'axe une portion rectiligne du conducteur, me présentaient en outre les effets d'un conducteur rectiligne égal à l'axe de ces hélices; et comme le rayon des surfaces cylindriques sur lesquelles elles se trouvaient était assez petit dans les hélices dont je me servais, c'étaient même les effets dans le sens longitudinal qui étaient les plus sensibles, phénomène qui m'étonnait beaucoup avant que j'en eusse découvert la cause; j'étais encore à la chercher, et je voulais, par de nouvelles expériences, étudier toutes les circonstances de ce phénomène, que j'avais d'abord observé dans l'action de deux conducteurs pliés en hélice, et ensuite dans celle d'un conducteur de ce genre et d'une aiguille aimantée, lorsque M. Arago l'observa dans ce dernier cas, avant que je lui en eusse parlé. Ces hélices, dont le fil revient en ligne droite par l'axe, seront un instrument précieux pour les expériences de recherche, non-seulement parce qu'elles offriront le même genre d'action que les aimans, en donnant peu de hauteur aux spires, mais encore parce qu'en leur en donnant beaucoup, on aura un conducteur à-peu-près adynamique, pour porter et rapporter le courant électrique, sans qu'il y ait lieu de craindre que les courans qui se trouvent dans cette portion du conducteur altèrent les effets des autres parties du circuit, dont il s'agirait d'observer ou de mesurer l'action.

On peut aussi imiter exactement les phénomènes de

l'aimant au moyen d'un fil conducteur plié comme dans la fig. 4, où il y a, entre toutes les portions du conducteur qui se trouvent dans le sens de l'axe, la même compensation qui a lieu, dans les hélices dont nous venons de parler, entre l'action de la portion rectiligne du conducteur et celle que les spires exercent en sens contraire parallèlement à l'axe de l'hélice.

On voit que, dans cet instrument, le fil de laiton qui est renfermé dans le tube BH est le prolongement de celui qui forme les anneaux circulaires E, F, G, etc., et que chaque anneau tient au suivant par un petit arc d'une hélice dont chaque spire aurait une grande hauteur relativement au rayon de la surface cylindrique sur laquelle elle se trouve.

L'action qu'exercent les projections parallèles à l'axe du tube de ces petits arcs d'hélice, désignés dans la figure par les lettres M, N, O, etc., étant égale et opposée à celle de la portion AB du conducteur, il ne reste, dans cet appareil, que les actions des projections dans des plans perpendiculaires à l'axe du tube; et comme celles des arcs M, N, O, etc. dans ces plans sont très-petites, ce seront les actions des anneaux E, F, G, etc., dont on obtiendra les effets dans les expériences faites avec cet instrument.

Dès mes premières recherches sur le sujet dont nous nous occupons, j'avais cherché à trouver la loi suivant laquelle varie l'action attractive ou répulsive de deux courans électriques, lorsque leur distance et les angles qui déterminent leur position respective changent de valeurs. Je fus bientôt convaincu qu'on ne pouvait conclure cette loi d'expériences directes, parce qu'elle ne peut

avoir une expression simple qu'en considérant des portions de courans d'une longueur infiniment petite, et
qu'on ne peut faire d'expérience sur de tels courans;
l'action de ceux dont on peut mesurer les effets est la
somme des actions infiniment petites de leurs élémens,
somme qu'on ne peut obtenir que par deux intégrations
successives, dont l'une doit se faire dans toute l'étendue
d'un des courans pour un même point de l'autre, et la
seconde s'exécuter sur le résultat de la première pris entre les limites marquées par les extrémités du premier
courant, dans toute l'étendue du second ; c'est le résultat de cette dernière intégration, pris entre les limites
marquées par les extrémités du second courant, qui peut
seul être comparé aux données de l'expérience ; d'où il
suit, comme je l'ai dit dans le Mémoire que j'ai lu à
l'Académie le 9 octobre dernier, que ces intégrations sont
la première chose dont il faut s'occuper lorsqu'on veut
déterminer, d'abord l'action mutuelle de deux courans
d'une longueur finie, soit rectilignes, soit curvilignes, en
faisant attention que, dans un courant curviligne, la direction des portions dont il se compose est déterminée, à
chaque point, par la tangente à la courbe suivant laquelle
il a lieu, et ensuite celle d'un courant électrique sur
un aimant, ou de deux aimans l'un sur l'autre, en
considérant, dans ces deux derniers cas, les aimans comme
des assemblages de courans électriques disposés comme
je l'ai dit plus haut. D'après une belle expérience de
M. Biot, les courans situés dans un même plan perpendiculaire à l'axe de l'aimant doivent être regardés comme
ayant la même intensité, puisqu'il résulte de cette expérience, où il a comparé les effets produits par l'action

de la terre sur deux barreaux de même grandeur, de
même forme et aimantés de la même manière, dont l'un
était vide et non l'autre, que la force motrice était pro-
portionnelle à la masse, et que par conséquent les causes
auxquelles elle était due agissaient avec la même intensité
sur toutes les particules d'une même tranche perpendiculaire à l'axe, l'intensité variant d'ailleurs d'une tranche à l'autre, suivant que ces tranches sont plus loin ou
plus près des poles. Quand l'aimant est un solide de révolution autour de la ligne qui en joint les deux poles, tous
les courans d'une même tranche doivent en outre être
des cercles : ce qui donne un moyen pour simplifier les
calculs relatifs aux aimans de cette forme, en calculant
d'abord l'action d'une portion infiniment petite d'un courant électrique sur un assemblage de courans circulaires
concentriques occupant tout l'espace renfermé dans la
surface d'un cercle, de manière que les intensités qu'on
leur attribue dans le calcul soient proportionnelles à la
distance infiniment petite de deux courans consécutifs
mesurée sur un rayon, puisque sans cela le résultat
de l'intégration dépendrait du nombre des parties infiniment petites dans lesquelles on aurait divisé ce rayon
par les circonférences qui représentent les courans ; ce
qui est absurde. Comme un courant circulaire est attiré
dans la partie où il a lieu dans la direction du courant
qui agit sur lui, et repoussé dans la partie où il a lieu en
sens contraire, l'action sur une surface de cercle perpendiculaire à l'axe de l'aimant consistera en une résultante égale à la différence entre les attractions et répulsions décomposées parallèlement à cette résultante, et
un couple résultant que les attractions et répulsions

tendront également à produire. On en trouvera la valeur par des intégrations relatives aux rayons des courans circulaires, qui devront être prises depuis zéro
jusqu'au rayon de la surface quand l'aimant est plein ,
et entre les rayons des surfaces intérieure et extérieure
quand c'est un cylindre creux. Il faudra multiplier alors
le résultat de cette opération :

1°. Par l'épaisseur infiniment petite de la tranche et
par l'intensité commune des courans dont elle est composée ; 2° par l'intensité et la longueur d'une portion
infiniment petite du courant électrique qu'on suppose
agir sur elle ; et on aura ainsi les valeurs de la résultante
et du couple résultant dont se compose l'action élémen-
taire entre une tranche circulaire ou en forme de couronne, et une portion infiniment petite de ce courant.

Au moyen de cette valeur, s'il s'agit de l'action mutuelle d'un aimant et d'un courant, soit rectiligne d'une
longueur finie, soit curviligne, il n'y aura plus, pour
trouver la valeur de cette action, qu'à exécuter les intégrations qu'exigera le calcul de la résultante et du couple résultant de toutes les actions élémentaires entre chaque
tranche de l'aimant et chaque portion infiniment petite
du courant électrique.

Mais s'il s'agit de l'action mutuelle de deux aimans
cylindriques, creux ou solides, il faudra d'abord re-
prendre la valeur de celle d'une tranche circulaire ou en
forme de couronne et d'une portion infiniment petite
de courant électrique, pour en conclure, par deux intégrations, l'action mutuelle entre cette tranche et une
tranche semblable, en considérant celle-ci comme composée de courans circulaires, disposés comme dans la pre-

mière ; on aura ainsi la résultante et le couple résultant
de l'action mutuelle de deux tranches infiniment min-
ces, et par de nouvelles intégrations, on obtiendra les
mêmes choses relativement à celle de deux aimans compris sous des surfaces de révolution , après toutefois qu'on
aura déterminé par la comparaison des résultats du calcul et de ceux de l'expérience, suivant quelle fonction
de la distance de chaque tranche à un des poles de l'aimant, varie l'intensité des courans électriques de cette
tranche. Je n'ai point encore achevé les calculs qui sont
relatifs, soit à l'action d'un aimant et d'un courant électrique, soit à l'action mutuelle de deux aimans (1), mais
seulement ceux par lesquels j'ai déterminé l'action mutuelle de deux courans rectilignes d'une grandeur finie,
en admettant que l'action qui a lieu entre les portions
infiniment petites de ces courans est exprimée par une

(1) Ces calculs supposent que la présence d'un courant
électrique ou d'un autre aimant ne change rien aux courans
électriques de l'aimant sur lequel ils agissent. Cela n'a jamais lieu pour le fer doux ; mais comme l'acier trempé conserve les modifications qu'on lui fait éprouver par ce moyen,
soit dans les expériences de M. Arago sur l'aimantation de
l'acier par un courant électrique, soit dans l'emploi des pro-
cédés de l'aimantation ordinaire, il me paraît que quand de
l'acier aimanté se trouve précisément dans le même état
qu'auparavant, après qu'un autre aimant ou un courant électrique ont agi sur lui, on peut en conclure qu'ils n'avaient
pas, pendant leur action, changé sensiblement la direction
et l'intensité des courans dont il se compose, sans quoi les
modifications qu'ils leur auraient fait subir subsisteraient
après que cette action aurait cessé.

3

formule qu'il est aisé de déduire de la loi dont j'ai parlé tout à-l'heure. J'avais d'abord projeté de ne publier cette formule et ses diverses applications que quand j'aurais pu en comparer les résulats à des expériences de mesures précises ; mais , après avoir considéré toutes les circonstances que présentent les phénomènes, j'ai pensé qu'elle était appuyée sur des preuves suffisantes pour n'en pas retarder davantage la publication, et ce sera le premier objet dont je m'occuperai dans le Mémoire suivant.

J'avais fait construire, pour ces expériences, un instrument que je montrai , le 17 octobre dernier, à MM. Biot et Gay-Lussac, et qui ne différait de celui qui est représenté fig. 1re, qu'en ce que le conducteur fixe de ce dernier était remplacé par un conducteur attaché à un cercle qui tournait autour d'un axe horizontal perpendiculaire à la direction du conducteur mobile, au moyen d'une poulie de renvoi , et gradué de manière qu'on voyait sur le limbe l'angle formé par les directions des deux courans , dans les différentes positions qu'on pouvait donner successivement au conducteur porté par le cercle gradué.

Je ne figure pas cet appareil dans les planches jointes à ce Mémoire , parce qu'en conservant la même disposition pour ce dernier conducteur, et en plaçant le conducteur mobile dans une situation verticale, j'ai construit l'appareil représenté fig. 6, qui est beaucoup plus propre à faire exactement les mesures que j'avais en vue, surtout depuis que j'ai donné au support du cercle gradué, outre le mouvement par lequel on peut l'éloigner ou le rapprocher du conducteur mobile, au moyen d'une vis de rappel, deux autres mouvemens, l'un vertical, et l'autre dans le sens horizontal et perpendiculaire à la direction des deux autres. Le premier de ces trois mouvemens est indispensable pour toute mesure à prendre avec l'instrument, il avait seul lieu dans mon premier appareil, les deux mouvemens que j'y ai ajoutés ont pour objet de donner la facilité de faire des mesures dans le cas où la ligne qui joint les milieux des deux courans ne leur est pas perpendiculaire. C'est pourquoi j'ai pensé qu'on pouvait se dispenser de les régler par des vis de rappel, et les faire à la main avant l'expérience, pourvu qu'on pût ensuite fixer d'une manière stable le support du cercle gradué dans la position qu'on lui aurait ainsi donnée.

C'est ce nouvel instrument que j'ai fait représenter, fig. 6, et dont je vais expliquer la construction ; si je parle ici du premier, c'est parce que c'est avec lui que j'ai remarqué, pour la première fois, l'action du globe terrestre sur les courans électriques, qui altérait les effets de l'action mutuelle des deux conducteurs que j'avais l'intention de mesurer. J'interrompis alors ces observations, et je fis construire les deux appareils qui mettent cette action de la terre dans tout son jour, et avec lesquels j'ai produit également, dans des courans électriques, les mouvemens qui correspondent à la direction de la boussole dans le plan de l'horizon suivant la ligne de déclinaison, et à celle de l'aiguille d'inclinaison dans le plan du méridien magnétique; ces derniers instrumens, et les expériences que j'ai faites avec eux, seront décrits dans le paragraphe suivant, comme ils l'ont été dans le Mémoire que je lus à l'Académie des Sciences le 30 octobre dernier. Revenons à l'appareil pour mesurer l'action de deux courans électriques dans toutes sortes de positions, et qui est représenté dans la fig. 6.

Les trois mouvemens du support KFG ont lieu, le premier à l'aide de la vis de rappel M, les deux autres au moyen de ce que ce support est fixé à une pièce de bois N, qui peut glisser, dans les deux sens horizontal et vertical, sur une autre pièce de bois O fixée au pied de l'instrument. Dans l'une est pratiquée une fente horizontale, dans l'autre une fente verticale, et à l'intersection des directions de ces deux fentes, se trouve un écrou Q qui sert à arrêter la pièce mobile sur celle qui est fixe, dans la position qu'on veut lui donner. Le mouvement de rotation du cercle gradué à l'aide duquel on incline à volonté la portion du fil conducteur attachée à ce cercle, s'exécute au moyen des deux poulies de renvoi P et P'. Pour que la terre n'exerce aucune action sur le conducteur mobile, qui est équilibré par les petits contrepoids x, y, il est composé de deux parties égales et opposées $ABCd$, $abcDE$, auxquelles j'ai donné la forme qu'on voit dans la figure; et pour que ses deux extrémités puissent être mises en communication avec celles de la pile, il est interrompu à l'angle A, par lequel il est suspendu à un fil HH' dont la torsion doit faire équilibre à l'attraction ou répulsion des deux courans. La branche BA se prolonge au-delà de A, et la branche DE au-delà de E, et elles se terminent par les pointes K, L, qui plongent dans deux petites coupes pleines de mercure, mais n'en atteignent point le fond.

Le pied qui porte ces deux petites coupes peut être avancé ou reculé au moyen de l'écrou q, qui le fixe dans la rainure ef; elles peuvent être en fer ou en platine; l'une d'elles est mise en communication avec une des deux extrémités de la pile par le conducteur XU enfermé dans un tube de verre autour duquel est plié en hélice à hautes spires le conducteur YVT, terminé par une sorte de ressort en cuivre, qui s'appuie en T sur la circonférence du cercle gradué, où il se trouve en contact avec un cercle en fil de laiton communiquant avec la branche SS' du conducteur dont la partie SR est destinée à agir sur le conducteur mobile, et dont la branche RR' tient à un second cercle en fil de laiton sur lequel s'appuie en Z un ressort ZI semblable au premier, et qui communique, du côté de I, avec l'autre extrémité de la pile. Il est clair qu'en faisant tourner le cercle gradué autour de l'axe horizontal qui le supporte, la partie SR du conducteur tournera dans un plan vertical, de manière à former tous les angles qu'on voudra avec la direction de la partie BC du conducteur mobile, sur laquelle elle agit à travers la cage de verre où est renfermé ce conducteur mobile, pour qu'il ne puisse participer aux agitations de l'air.

Pour mesurer les attractions et les répulsions des deux conducteurs à différentes distances, lorsqu'ils sont parallèles, et que la ligne qui en joint les milieux leur est perpendiculaire, on tourne l'axe vertical auquel est attaché le fil de suspension, de manière que la partie BC du conducteur mobile réponde au zéro de l'échelle gh; ce qu'on obtient en la plaçant immédiatement au-dessus du biseau qui termine la pièce en cuivre m; un indice np attaché en n au support du cercle gradué marque sur cette échelle la distance des deux portions de conducteur BC et SR. Lorsqu'on établit la communication des deux extrémités du circuit avec celles de la pile, la portion mobile BC se porte en avant ou en arrière suivant qu'elle est attirée ou repoussée par SR; mais on la ramène dans la position où elle se trouvait auparavant en faisant tourner l'axe du fil de supension; le nombre des tours et portions de tour marqué par l'indice r sur le cadran pq attaché à cet axe, donne la valeur de l'attraction ou de la répulsion des deux courans électriques, mesurée par la torsion du fil.

Il n'est pas nécessaire de rappeler aux physiciens accoutumés à faire des mesures de ce genre, que l'intensité des courans variant sans cesse avec l'énergie de la pile, il faut, entre chaque expérience à différentes distances, en faire une à une distance constante, afin de connaître, par l'action observée chaque fois à cette distance constante, et les règles ordinaires d'interpolation, comment varie l'intensité des courans, et quelle en est la valeur à chaque instant. On s'y prendra de la même manière pour comparer les attractions et répulsions à une distance constante lorsque l'on fait varier l'angle des directions des deux courans, dans le cas où la ligne qui en joint les milieux ne cesse pas de leur être perpendiculaire. Les observations intermédiaires, pour déterminer par interpolation l'énergie de la pile à chaque instant, seront même alors plus faciles, puisque la distance des deux portions de conducteur BC et SR ne variant point, il suffira de faire tourner le cercle gradué pour ramener chaque fois SR dans la direction parallèle à BC. Enfin, lorsqu'on voudra mesurer l'action mutuelle de BC et de SR, lorsque la ligne qui en joint les milieux n'est pas perpendiculaire à leur direction, on donnera

au support du cercle gradué la situation convenable au
moyen de l'écrou Q qui le fixe au reste de l'appareil dans
la position qu'on veut lui donner, et en faisant alors
une série d'expériences semblables à celles du cas précédent, on pourra comparer les résultats obtenus dans
chaque situation des conducteurs des courans électriques, à ceux qu'on aura eu dans le cas où la ligne qui
en joint les milieux leur est perpendiculaire, en faisant
cette comparaison pour une même plus courte distance
des courans, et ensuite pour des distances différentes.
On aura ainsi tout ce qu'il faut pour voir comment et
jusqu'à quel point ces diverses circonstances influent sur
l'action mutuelle des courans électriques : il ne s'agira
plus que de voir si l'ensemble de ces résultats s'ac-
corde avec le calcul des effets qui doivent être produits
dans chaque circonstance, d'après la loi d'attraction
qu'on aura admise entre deux portions infiniment petites
de courans électriques.

Par l'addition d'un autre conducteur mobile dont la
suspension est exactement la même, qui est de même
composé de deux parties égales et opposées, et que j'ai
fait représenter à part (fig. 10, planc. 5), j'ai rendu
cet instrument propre à mesurer aussi le moment des
forces qui tendent à faire tourner un conducteur, par
l'action d'un autre conducteur qui fait successivement
avec lui différens angles auxquels répondent différens
momens. Ce conducteur mobile $ABCDEF$ a la
forme qu'on voit dans la figure 10, et se trouve suspendu au milieu de son côté horizontal supérieur,
où il est interrompu entre les points A, F, où les
deux extrémités de ce conducteur portent les deux

pointes d'acier *M, N,* qui sont situées dans une même ligne verticale, et plongent dans le mercure des deux petites coupes de la figure 6, sans en toucher le fond à cause de la suspension au fil de torsion. Pour mesurer le moment de rotation produit par un conducteur rectiligne, on en place un sous la cage de verre très-près du côté horizontal inférieur *C D* (fig. 10) du conducteur mobile, de manière qu'il réponde à son milieu : ce dernier tourne alors par l'action du conducteur fixe sans être influencé par celle de la terre, parce qu'il y a compensation entre les actions qu'elle exerce sur les deux moitiés égales et opposées du conducteur mobile.

§ II. *Direction des courans électriques par l'action du globe terrestre* (1).

Je n'ai pas réussi dans les premières expériences que j'ai tentées pour faire mouvoir le fil conducteur d'un courant électrique par l'action du globe terrestre, moins peut-être par la difficulté d'obtenir une suspension assez mobile, que parce qu'au lieu de chercher dans la théorie qui ramène les phénomènes de l'aimant à ceux des courans électriques, la disposition la plus favorable à cette sorte d'action, j'étais préoccupé de l'idée d'imiter le plus que je le pouvais la disposition des courans électriques de l'aimant dans l'arrangement de ceux sur lesquels je voulais observer l'action de la terre dans le cas où ils sont produits par la pile de Volta ; cette seule idée m'avait

(1) Ce qui est contenu dans ce paragraphe a été lu à l'Académie royale des Sciences, dans sa séance du 30 octobre dernier.

guidé dans la construction de l'instrument représenté
fig. 3 , et elle m'empêchait de faire attention que ce
n'est en quelque sorte que d'une manière indirecte que
cette action porte le pole austral de l'aiguille aimantée
au nord et en bas , et le pole boréal au sud et en haut;
que son effet immédiat est de placer les plans perpendiculaires à l'axe de l'aimant, dans lesquels se trouvent
les courans électriques dont il se compose, parallèlement
à un plan déterminé par l'action résultante de tous ceux
de notre globe , et qui est , dans chaque lieu, perpendiculaire à l'aiguille d'inclinaison. Il suit de cette considé-
ration que ce n'est pas une ligne droite, mais un plan
que l'action terrestre doit immédiatement diriger; qu'ainsi
ce qu'il faut imiter, c'est la disposition de l'électricité suivant l'équateur de l'aiguille aimantée, équateur qui est une
courbe rentrante sur elle-même, et voir ensuite si lorsqu'un courant électrique est ainsi disposé, l'action de la
terre tend à amener le plan où il se trouve dans une direction parallèle à celle où elle tend à amener l'équateur
de l'aimant, c'est-à-dire, dans une direction perpendiculaire à l'aiguille d'inclinaison , de manière que le courant qu'on essaie de diriger ainsi soit dans le même sens
que ceux de l'aiguille aimantée qui a obéi à l'action du
globe terrestre.

L'aimant reçoit des mouvemens différens suivant qu'il
ne peut que tourner dans le plan de l'horizon comme
l'aiguille d'une boussole, ou dans le plan du méridien
magnétique, comme l'aiguille d'inclinaison attachée à
un axe horizontal et perpendiculaire au méridien magnétique. Pour imiter ces deux mouvemens en en impri-
mant d'analogues à un courant électrique, il faut que le

plan dans lequel il se trouve soit, dans le premier cas, vertical comme celui de l'équateur d'une aiguille aimantée horizontale, et tourne autour de la verticale qui passe par son centre de gravité ; et dans le second, qu'il ne puisse, comme l'équateur de l'aiguille d'inclinaison, tourner qu'autour d'une ligne comprise dans ce plan, qui soit à la fois horizontale et perpendiculaire au méridien magnétique.

J'ai mis d'abord dans ces deux positions une double spirale de cuivre qui m'a paru très-propre à représenter les courans électriques de l'équateur d'un aimant ; et j'ai vu cet appareil se mouvoir quand j'y ai établi un courant électrique, précisément comme l'aurait fait, dans le premier cas, l'équateur de l'aiguille d'une boussole, et dans le second celui d'une aiguille d'inclinaison. Mais il m'est arrivé la même chose qu'à M. OErsted. Dans ses expériences, la force directrice du courant électrique qu'il faisait agir sur une aiguille aimantée tendait à la placer dans une direction qui fît un angle droit avec celle du courant ; mais il n'obtenait jamais une déviation de cent degrés en laissant le fil conducteur dans la direction du méridien magnétique, parce que l'action du globe terrestre se combinant avec celle du courant électrique, l'aiguille aimantée se dirigeait suivant la résultante de ces deux actions. Dans les expériences faites avec la double spirale, la force directrice de la terre était contrariée, dans le premier cas, par la torsion du fil auquel cet instrument était suspendu ; dans le second, par sa pesanteur, parce que le centre de gravité ne pouvait être exactement situé dans la ligne horizontale autour de laquelle tournait le plan de la double spirale.

Je pensai alors qu'en multipliant le nombre des spires
dont cette spirale était composée, on n'augmentait pas
pour cela l'effet produit par l'action de la terre, parce que
la masse à mouvoir augmentait proportionnellement à la
force motrice, d'où je conclus que j'obtiendrais plus
simplement les mêmes phénomènes de direction en em-
ployant, pour représenter l'équateur d'une aiguille aimantée, un seul courant électrique revenant sur lui-
même, et formant un circuit si ce n'est absolument
fermé, car alors il eût été impossible d'établir le courant dans le fil de cuivre, du moins ne laissant que
l'interruption suffisante pour faire communiquer ses
deux extrémités avec celles de la pile.

Je compris en même temps que la forme du circuit
était indifférente, pourvu que toutes les parties en fussent dans un même plan, puisque c'était un plan qu'il
s'agissait de diriger.

Je fis construire alors deux appareils ; dans l'un, le fil
conducteur a la forme d'une circonférence *A B C D* (pl. 3,
fig. 7), dont le rayon a un peu plus de deux décimètres.
Les deux extrémités du fil de laiton dont cette circonférence est formée sont soudées aux deux boîtes de cuivre *E, F*, attachées à un tube de verre *Q*, et qui portent
deux pointes d'acier *M* et *N*, plongeant dans le mercure contenu dans les deux petites coupes de platine
O, P, et dont la supérieure *N* atteint seule le fond de la
coupe *P*. Ces deux coupes sont portées par les boîtes de
cuivre *G, H*, qui communiquent aux deux extrémités de
la pile, au moyen de deux conducteurs en fil de laiton,
dont l'un est renfermé dans le tube de verre qui porte
ces deux dernières boîtes, et sert de pied à l'instrument,

et l'autre forme autour de ce tube une hélice dont les
spires ont une assez grande hauteur relativement au diamètre du tube, afin que les actions exercées par les deux
portions de courans qui parcourent ces conducteurs en
sens contraire se neutralisent à-peu-près complètement.
J'ai placé sous la cage de verre, qui recouvre cet instrument pour le mettre à l'abri des agitations de l'air, un
autre cercle en fil de laiton, d'un diamètre un peu plus
grand, qui est fixe et supporté par un pied semblable
à celui du cercle mobile, dans la situation qu'on voit
dans la figure. Ce cercle communique aussi avec deux
conducteurs disposés de la même manière, et qui servent de
même à y faire passer le courant électrique lorsqu'au lieu
d'observer l'action du globe terrestre sur le cercle mobile,
on veut voir les effets de celle de deux courans circulaires
l'un sur l'autre, tandis que quand on veut observer l'action qu'exerce la terre sur un courant électrique, on ne
fait passer ce courant que dans le cercle mobile. Comme
il n'est question ici que de l'action du globe terrestre,
je ne parlerai que du cas où les conducteurs du cercle
mobile sont seuls en communication avec les deux extrémités de la pile. Le cercle fixe ne sert alors qu'à indiquer d'une manière précise le plan vertical et perpendiculaire au méridien magnétique, où le cercle mobile doit
être amené par l'action de la terre. On place donc d'abord
le cercle fixe dans ce plan au moyen d'une boussole, et le
cercle mobile dans une autre situation qui sera, par
exemple, celle du méridien magnétique lui-même; alors,
dès qu'on y fera passer un courant électrique, il tournera pour se porter dans le plan indiqué par le cercle
fixe, le dépassera d'abord en vertu de la vitesse acquise,

puis y reviendra, et s'y arrêtera après quelques oscillations.

Le sens dans lequel ce mouvement a lieu dépend de celui du courant électrique établi dans le cercle mobile ; pour le prévoir d'avance, on considérera une ligne passant par le centre de ce cercle, et perpendiculaire à son plan, cette ligne arrivera dans le méridien magnétique lorsque le cercle mobile sera amené dans le plan qui lui est perpendiculaire, et elle y arrivera de manière que celle de ces deux extrémités qui est à droite du courant considéré comme agissant sur un point pris à volonté hors de ce cercle, et par conséquent à gauche de l'observateur qui, placé dans le sens du courant, regarderait l'aiguille, extrémité qui représente le pole austral d'une aiguille aimantée, se trouve dirigée du côté du nord ; ce qui suffit pour déterminer le sens du mouvement que prendra le cercle mobile.

Dans l'autre appareil, l'équateur de l'aiguille d'inclinaison est représenté par un rectangle en fil de laiton d'environ 3 décimètres de largeur sur 6 de longueur. La suspension est d'ailleurs la même que celle de l'aiguille d'inclinaison. C'est avec ces deux instrumens que, dans des expériences souvent répétées, j'ai observé les phénomènes de direction par l'action de la terre, bien plus complètement que je ne l'avais fait avec la double spirale. Dans le premier, le cercle mobile s'est, ainsi que je viens de le dire, arrêté précisément dans la situation où l'action du globe terrestre devait l'amener d'après la théorie ; dans le second, le conducteur mobile a constamment quitté une position où j'avais constaté, en le faisant osciller, que l'équilibre était stable, pour se porter dans

une situation plus ou moins rapprochée de celle qu'aurait
prise, dans les mêmes circonstances, l'équateur d'une aiguille aimantée, et il s'y arrêtait, après quelques oscillations, en équilibre entre la force directrice de la terre et
la pesanteur qui agissait alors en faisant plier le fil de
laiton, ce qui abaissait le centre de gravité du conducteur
au-dessous de l'axe horizontal. Dès qu'on interrompait le
circuit, on le voyait revenir à sa première position, ou
s'il n'y revenait pas précisément, s'il en restait même
quelquefois assez éloigné, il était évident, par toutes les
circonstances de l'expérience, que cela tenait à la flexion
dont je viens de parler, qui avait produit, dans la situation du centre de gravité, une légère altération qui sub-
sistait quand on faisait cesser le courant électrique. Dans
les expériences faites avec ces deux instrumens, j'ai eu soin
de changer les extrémités des fils conducteurs relativement
à celles de la pile, pour constater que le courant qui est
dans celle-ci n'était pas la cause de l'effet produit, puisqu'alors il aurait toujours eu lieu dans le même sens, et
que cet effet avait lieu en sens contraire, conformément à
la théorie. J'ai aussi, en laissant les mêmes extrémités en
communication, fait passer, de la droite à la gauche de
l'instrument, les fils qui faisaient communiquer le conducteur mobile aux deux extrémités de la pile, pour
constater que les courans de ces fils, dont je tenais d'ailleurs la plus grande portion loin de l'instrument, n'a-
vaient pas d'influence sensible sur ses mouvemens. Je
n'ai pas besoin de dire que, dans tous les cas, les mouvemens ont lieu dans le sens où se mouvrait l'équateur d'une aiguille aimantée, c'est-à-dire que l'extrémité
de la perpendiculaire au plan du conducteur, qui se

trouve à droite du courant, et par conséquent à gauche
de la personne qui le regarde dans la situation décrite
dans le premier paragraphe de ce Mémoire, est porté au
nord dans le premier cas, et en bas dans le second, comme
le serait le pôle austral d'un aimant que cette extrémité
représente. L'instrument avec lequel j'ai fait cette expérience se compose d'un fil de laiton $ABCDEFG$ soudé
en A à un morceau de fil semblable HAK porté par
le tube de verre XY au moyen de la boîte en cuivre H,
et auquel est fixé un petit axe en acier qui repose sur le
rebord taillé en biseau d'une lame en fer N sur laquelle
on met du mercure en contact avec cet axe. La partie FG
de ce fil de laiton passe dans le tube de verre et se soude
à la boîte en cuivre G, à laquelle est attaché un petit axe
en acier semblable à l'autre et qui repose sur le rebord d'une
autre lame M où l'on met aussi du mercure. Les deux lames
en fer M, N, sont supportées par les pieds PQ, RS, qui
communiquent avec le mercure des coupes de buis T, U,
où l'on fait plonger les deux conducteurs partant des
deux extrémités de la pile. Pour empêcher la flexion du
fil de laiton $ABCDEF$, le tube de verre XY porte,
au moyen d'une autre boîte en cuivre I, un losange en
bois ZV très-léger et très-mince, dont les extrémités
soutiennent les milieux des portions BC, DE, du fil
de laiton qui sont parallèles au tube de verre XY.

L'interposition du mercure dans cet instrument, et dans
ceux que je viens de décrire, par-tout où la communication doit avoir lieu par des parties qui ne sont pas soudées, sans être toujours nécessaire, est le meilleur moyen
que je connaisse pour assurer la réussite des expériences.
Ainsi, j'avais deux fois tenté sans succès une expérience

qui a parfaitement réussi quand, en l'essayant une troi-
sième fois, j'ai rendu la communication plus complète
par un globule de mercure.

§ III. *De l'Action mutuelle entre un conducteur*
électrique et un aimant.

C'est cette action découverte par M. OErsted, qui m'a
conduit à reconnaître celle de deux courans électriques
l'un sur l'autre, celle du globe terrestre sur un courant,
et la manière dont l'électricité produisait tous les phénomènes que présentent les aimans, par une distribution
semblable à celle qui a lieu dans le conducteur d'un
courant électrique, suivant des courbes fermées perpendiculaires à l'axe de chaque aimant. Ces vues, dont la
plus grande partie n'a été que plus tard confirmée par
l'expérience, furent communiquées à l'Académie royale
des Sciences, dans sa séance du 18 septembre 1820 ; je
vais transcrire ce que je lus dans cette séance, sans autres
changemens que la suppression des passages qui ne seraient qu'une répétition de ce que je viens de dire, et en
particulier de ceux où je décrivais les appareils que je me
proposais de faire construire ; ils l'ont été depuis, et la
plupart sont décrits dans les paragraphes précédens. On
pourra, par ce moyen, se faire une idée plus juste de la
marche que j'ai suivie dans mes recherches sur le sujet
dont nous nous occupons.

Les expériences que j'ai faites sur l'action mutuelle
des conducteurs qui mettent en communication les extrémités d'une pile voltaïque, m'ont montré que tous les
faits relatifs à cette action peuvent être ramenés à deux
résultats généraux, qu'on doit considérer d'abord comme

uniquement donnés par l'observation, en attendant qu'on puisse les ramener à un principe unique, en déterminant la nature et, s'il se peut, l'expression analytique de la force qui les produit. Je commencerai par les énoncer sous la forme qui me paraît la plus simple et la plus générale.

Ces résultats consistent, d'une part, dans l'action directrice d'un de ces corps sur l'autre ; de l'autre part, dans l'action attractive ou répulsive qui s'établit entre eux, suivant les circonstances.

Action directrice. Lorsqu'un aimant et un conducteur agissent l'un sur l'autre, et que l'un d'eux étant fixe, l'autre ne peut que tourner dans un plan perpendiculaire à la plus courte distance du conducteur et de l'axe de l'aimant, celui qui est mobile tend à se mouvoir, de manière que les directions du conducteur et de l'axe de l'aimant forment un angle droit, et que le pôle de l'aimant qui regarde habituellement le nord soit à gauche de ce qu'on appelle ordinairement *le courant galvanique*, dénomination que j'ai cru devoir changer en celle de courant électrique, et le pôle opposé à sa droite, bien entendu que la ligne qui mesure la plus courte distance du conducteur et l'axe de l'aimant rencontre la direction de cet axe entre les deux pôles. Pour conserver à cet énoncé toute la généralité dont il est susceptible, il faut distinguer deux sortes de conducteurs : 1º la pile même, dans laquelle le courant électrique, dans le sens où j'emploie ce mot, se porte de l'extrémité où il se produit de l'hydrogène dans la décomposition de l'eau, à celle d'où l'oxigène se dégage; 2º le fil métallique qui unit les deux extrémités de la pile, et où l'on doit alors considérer le même courant comme se portant, au contraire, de l'extrémité qui

donne de l'oxigène, à celle qui développe de l'hydrogène.
On peut comprendre ces deux cas dans une même définition, en disant qu'on entend par courant électrique la
direction suivant laquelle l'hydrogène et les bases des
sels sont transportés par l'action de toute la pile, en
concevant celle-ci comme formant avec le conducteur
un seul circuit, lorsqu'on interrompt ce circuit pour y
placer, soit de l'eau, soit une dissolution saline que cette
action décompose. Au reste, tout ce que je vais dire sur
ce sujet ne suppose aucunement qu'il y ait réellement
un courant dans cette direction, et on peut ne considérer
que comme une manière commode et usitée de la dési-
guer l'emploi que je fais ici de cette dénomination de
courant électrique.

Dans les expériences de M. OErsted, cette action directrice se combine toujours avec celle que le globe terrestre exerce sur l'aiguille aimantée, et se combine
en outre quelquefois avec l'action que je décrirai tout-
à-l'heure sous la dénomination d'*action attractive ou répulsive*; ce qui conduit à des résultats compliqués dont
il est difficile d'analyser les circonstances, et de reconnaître les lois.

Pour pouvoir observer les effets de l'*action directrice*
d'un courant électrique sur un aimant, sans qu'ils fussent altérés par ces diverses causes, j'ai fait construire
un instrument que j'ai nommé *aiguille aimantée astatique*. Cet instrument, représenté pl. 4, fig. 8, consiste
dans une aiguille aimantée *AB* fixée perpendiculairement
à un axe *CD*, qu'on peut placer dans la direction que
l'on veut, au moyen d'un mouvement semblable à celui
du pied d'un télescope et de deux vis de rappel *E,F.*

L'aiguille ainsi disposée ne peut se mouvoir qu'en tour-
nant dans un plan perpendiculaire à cet axe, dans lequel
on a soin que son centre de gravité soit exactement placé,
en sorte qu'avant qu'elle soit aimantée on puisse s'assurer que la pesanteur n'a aucune action pour la faire
changer de position. On l'aimante alors, et cet instrument
sert à vérifier que tant que le plan où se meut l'aiguille
n'est pas perpendiculaire à la direction de l'aiguille d'inclinaison, le magnétisme terrestre tend à faire prendre
à l'aiguille aimantée la direction de celle des lignes tra-
cées sur ce plan qui est le plus rapprochée possible de
l'axe de l'aiguille d'inclinaison, c'est-à-dire, la direction
de la projection de cet axe sur le même plan. On rend
ensuite, au moyen des vis de rappel, le plan où se meut
l'aiguille aimantée perpendiculaire à la direction de
l'aiguille d'inclinaison, le magnétisme terrestre n'a plus
alors aucune action pour la diriger, et elle devient
ainsi complétement astatique. L'instrument porte, dans
le même plan un cercle LMN divisé en degrés, sur
lequel sont fixés deux petits barreaux de verre GH, IK,
pour attacher les fils conducteurs, dont l'action directrice agit alors seule et sans complication avec la pesanteur et le magnétisme terrestre.

La principale expérience à faire avec cet appareil est
de montrer que l'angle entre les directions de l'aiguille
et du conducteur est toujours droit quand l'*action directrice* est la seule qui ait lieu.

Action attractive ou répulsive. Ce second résultat général consiste, 1.º en ce qu'un conducteur joignant les
deux extrémités d'une pile voltaïque, et un aimant dont
l'axe fait un angle droit avec la direction du courant

qui a lieu dans ce conducteur conformément aux défini-
tions précédentes, s'attirent quand le pôle austral est à
gauche du courant qui agit sur lui ; c'est-à-dire, quand la
position est celle que le conducteur et l'aimant tendent à
prendre en vertu de leur action mutuelle, et se repoussent
quand le pôle austral de l'aimant est à la droite du courant,
c'est-à-dire, quand le conducteur et l'aimant sont main-
tenus dans la position opposée à celle qu'ils tendent à se
donner mutuellement. On voit, par l'énoncé même de ces
deux résultats, que l'action entre le conducteur et l'aimant est toujours réciproque. C'est cette réciprocité que
je me suis d'abord attaché à vérifier, quoiqu'elle me pa-
rût assez évidente par elle-même ; il me semble qu'il serait superflu de décrire ici les expériences que j'ai faites
pour la constater : il suffit de dire qu'elles ont pleinement
réussi.

Les deux modes d'action entre un aimant et un
fil conjonctif, que je viens d'exposer en les considérant comme de simples résultats de l'expérience,
suffisent pour rendre raison des faits observés par
M. OErsted, et pour prévoir ce qui doit arriver dans les
cas analogues à l'égard desquels on n'a point encore fait
d'observation. Ils indiquent, par exemple, d'avance tout
ce qui doit arriver quand un courant électrique agit sur
l'aiguille d'inclinaison. Je n'entrerai dans aucun détail
à cet égard, puisque tout ce que je pourrais dire sur ce
sujet découle immédiatement des énoncés précédens. Je
me bornerai à dire qu'après avoir déduit seulement le premier résultat général de la note de M. OErsted, j'en
déduisis l'explication des phénomènes magnétiques, fondée sur l'existence des courans électriques dans le globe

de la terre et dans les aimans, que cette explication me conduisit au second résultat général, et me suggéra, pour le constater, une expérience qui réussit complètement. Lorsque je la communiquai à M. Arago, il me fit remarquer avec raison que cette attraction entre un aimant et un conducteur électrique placés à angles droits dans la direction où ils tendent à se mettre mutuellement, et cette répulsion, dans la direction opposée, pouvaient seules rendre raison des résultats publiés par l'auteur de la découverte, dans le cas où l'aiguille aimantée étant horizontale on en approche le fil conducteur d'une pile voltaïque dans une situation verticale, et qu'on pouvait même déduire aisément cette loi, de l'une des expériences de M. OErsted, celle qu'il énonce ainsi : *Posito autem filo (cujus extremitas superior electricitatem à termino negativo apparatûs galvanici accipit) è regione puncto inter polum et medium acûs sito, occidentem versus agitur.*

Car ce mouvement de l'aiguille aimantée, indiqué comme ayant lieu soit que le conducteur se trouve à l'occident ou à l'orient de l'aiguille, est dans le premier cas une attraction, parce que le pole austral est à la gauche du courant, et dans le second une répulsion, parce qu'il se trouve à droite.

Mais en convenant de la justesse de cette observation, il me semble que la distinction que j'ai faite des deux résultats généraux de l'action mutuelle d'un aimant et d'un fil conducteur n'en devient que plus importante pour expliquer ce qui arrive alors, en montrant que, dans ce cas, c'est tantôt une attraction et tantôt une répulsion, toujours conformément à la loi du second résultat général

que je viens d'exposer, tandis que , dans l'expérience que
M. OErsted énonce immédiatement avant en ces termes :
*Quando filum conjungens perpendiculare ponitur è re-
gione polo acûs magneticæ , et extremitas superior fili
electricitatem à termino negativo apparatûs galvanici
accipit , polus orientem versûs movetur*, ce mouvement
n'a lieu que pour que l'aiguille aimantée prenne , à l'é-
gard du conducteur, la direction déterminée par le premier résultat général , avec toutes les circonstances que
j'ai comprises dans son énoncé, et en particulier la re-
marque qui le termine.

Il me reste à décrire l'instrument avec lequel j'ai
constaté l'existence de cette action entre un courant électrique et un aimant , désignée , dans ce qui précède, sous
le nom d'*action attractive ou répulsive*, et j'en ai observé les effets sans que l'*action directrice* vînt les al-
térer en se combinant avec elle. Cet instrument, représenté pl. 4, fig. 9, est composé d'un pied ABC dont
les bras BEG, BFH supportent le fil conducteur horizontal KL ; auprès duquel on suspend une petite aiguille aimantée cylindrique MN, à l'extrémité C de ce
pied , au moyen d'un fil de soie MC ; tantôt par son
pole austral et tantôt par son pole boréal (1).

_____

(1) C'est ici qu'était placée, dans le Mémoire que je lus à
l'Académie le 18 septembre 1820, la description des instrumens que je me proposais de faire construire , celle entre
autres des conducteurs pliés en spirale et en hélice; je me
procurai la plupart de ces instrumens entre cette séance et
celle du 25 septembre, où je fis l'expérience des attractions
et répulsions des courans électriques, sans l'intermède d'au-

La première réflexion que je fis lorsque je voulus chercher les causes des nouveaux phénomènes découverts par M. OErsted, est que l'ordre dans lequel on a découvert deux faits ne faisant rien aux conséquences des analogies qu'ils présentent; nous pouvions supposer qu'avant de savoir que l'aiguille aimantée prend une direction constante du sud au nord, on avait d'abord connu la propriété qu'elle a d'être amenée par un courant électrique dans une situation perpendiculaire à ce courant, de manière qu'un même pole de l'aiguille fût toujours porté à gauche du courant, et qu'on découvrît ensuite la propriété qu'elle a de tourner constamment au nord celui de ses poles qui se portait ainsi à gauche du courant : l'idée la plus simple, et celle qui se présenterait immédiatement à celui qui voudrait expliquer cette direction constante de l'aiguille, ne serait-elle pas d'admettre dans la terre un courant électrique, dans une direction telle que le nord se trouvât à gauche d'un homme qui, couché sur sa surface pour avoir la face tournée du côté de l'aiguille, recevrait ce courant dans la direction de ses pieds à sa tête, et d'en conclure qu'il a lieu, de l'est à l'ouest, dans une direction perpendiculaire au méridien magnétique?

Cette hypothèse devient d'autant plus probable qu'on fait plus attention à l'ensemble des faits connus; ce courant, s'il existe, doit être comparé à celui que j'ai

cru aimant; je supprime ici cette description, parce qu'elle se retrouve, soit dans ce que je lus à cette dernière séance et que je vais bientôt transcrire, soit dans les autres passages de ce Mémoire relatifs à l'explication des planches dont il est accompagné.

montré dans la pile agir sur l'aiguille aimantée, comme
se dirigeant de l'extrémité cuivre à l'extrémité zinc,
quand on établissait un conducteur entre elles, et
qui aurait lieu de même si, la pile formant une courbe
fermée, elles étaient réunies par un couple semblable
aux autres : car il n'y a probablement rien dans notre
globe qui ressemble à un conducteur continu et homo-
gène ; mais les matières diverses dont il est composé
sont précisément dans le cas d'une pile voltaïque formée
d'élémens disposés au hasard, et qui, revenant sur elle-
même, formerait comme une ceinture continue tout
autour de la terre. Des élémens ainsi disposés donnent
moins d'énergie électrique sans doute que s'ils l'étaient
dans un ordre périodiquement régulier ; mais il faudrait
qu'ils fussent arrangés à dessein pour que, dans une série
de substances différentes formant une courbe fermée
autour de la terre, il n'y eût pas de courant dans un
sens ou dans l'autre. Il se trouve que, d'après l'arrangement des substances de la terre, ce courant a lieu de
l'est à l'ouest, et qu'il dirige par-tout l'aiguille aimantée
perpendiculairement à sa propre direction. Cette direction trace ainsi sur la terre un parallèle magnétique, de
manière que le pole de l'aiguille qui doit être à gauche
du courant se trouve par-là constamment porté vers le
nord, et l'aiguille dirigée suivant le méridien magnétique.

Je ferai remarquer, à ce sujet, que les effets produits
par les piles de la construction anglaise, où l'on brûle
un fil fin de métal même avec une seule paire dont le
zinc et le cuivre plongent dans un acide, prouvent suffi-
samment que c'est une supposition trop restreinte de
n'admettre l'action électro-motrice qu'entre les métaux,

et de ne regarder le liquide interposé que comme conducteur. Il y a sans doute action entre deux métaux,
Volta l'a démontré de la manière la plus complète ; mais
est-ce une raison pour qu'il n'y en ait pas entre eux et
d'autres corps, ou entre ceux-ci seulement ? Il y en a
probablement dans le contact entre tous les corps qui peuvent conduire plus ou moins l'électricité sous une faible
tension ; mais cette action est plus sensible dans les piles
composées de métaux et d'acides étendus, tant parce qu'il
paraît que ce sont les substances où elle se développe
avec le plus d'énergie, que parce que ce sont celles qui
conduisent le mieux l'électricité.

Les divers arrangemens que nous pouvons donner à
des corps non métalliques ne sauraient produire une action électro-motrice comparable à celle d'une pile voltaïque à disques métalliques séparés alternativement par
des liquides, à cause du peu de longueur qu'il nous est
permis de donner à nos appareils ; mais une pile qui ferait
le tour de la terre conserverait sans doute quelque intensité lors même qu'elle ne serait pas composée de métaux,
et que les élémens en seraient arrangés au hasard ; car sur
une si grande longueur, il faudrait, comme je viens de
le dire, que l'arrangement fût fait à dessein pour que les
actions dans un sens fussent exactement détruites par
les actions dans l'autre.

Je crois devoir faire observer à ce sujet que des courans électriques dans un même corps ne peuvent être
indépendans les uns des autres, à moins qu'ils ne fussent séparés par des substances qui les isoleraient complètement dans toute leur étendue, et encore, dans ce
cas-là même, ils devraient influer les uns sur les autres,

puisque leur action se transmet à travers tous les corps ;
à plus forte raison lorsqu'ils co-existent dans un globe
dont toutes les parties sont continues, doivent-ils se
diriger tous dans le même sens, suivant la direction
que tend à leur donner la réunion de toutes les actions
électro-motrices de ce globe. Je suis bien loin, au reste,
de croire que ce soit seulement dans ces actions, que
réside la cause des courans électriques qui y sont indiqués par la direction que prend l'aiguille aimantée à
chaque point de la surface de la terre ; je crois, au contraire, que la cause principale en est toute différente,
comme j'aurai occasion de le dire ailleurs ; au reste, cette
cause, dépendant de la rotation de la terre, donnerait en
chaque lieu une direction constante à l'aiguille, ce qui
est contraire à l'observation, je regarde donc l'action
électro-motrice des substances dont se compose la planète
que nous habitons, comme se combinant avec cette
action générale, et expliquant les variations de la déclinaison à mesure que l'oxidation fait des progrès dans
l'une ou l'autre région continentale de la terre.

Quant aux variations diurnes, elles s'expliquent aisément par le changement de température alternatif de ces
deux régions pendant la durée d'une rotation du globe terrestre, d'autant plus facilement qu'on connaît depuis long-
temps l'influence de la température sur l'action électro-
motrice, influence sur laquelle M. Dessaignes a fait des
observations très-intéressantes. Il faut aussi compter
parmi les actions électro-motrices des différentes parties
de la terre celle des minerais aimantés qu'elle contient, et
qui doivent, d'après mes idées sur la nature de l'aimant,
être considérés comme autant de piles voltaïques. L'éléva-

tion de température qui a lieu dans les conducteurs des courans électriques doit avoir lieu aussi dans ceux du globe terrestre. Ne serait-ce pas là la cause de cette chaleur interne constatée récemment par les expériences rapportées, dans une des dernières séances de l'Académie, par un de ses membres dont les travaux sur la chaleur ont fait rentrer cette partie de la physique dans le domaine des mathématiques ? Et quand on fait attention que cette élévation de température produit, lorsque le courant est assez énergique, une incandescence permanente, accompagnée de la plus vive lumière, sans combustion ni déperdition de substance, ne pourrait-on pas en conclure que les globes opaques ne le sont qu'à cause du peu d'énergie des courans électriques qui s'y établissent, et trouver dans des courans plus actifs la cause de la chaleur et de la lumière des globes qui brillent par eux-mêmes?

On sait qu'on expliquait autrefois par des courans les phénomènes magnétiques, mais on les supposait parallèles à l'axe de l'aimant, situation dans laquelle ils ne pourraient exister sans se croiser et se détruire.

Maintenant, si des courans électriques sont la cause de l'action directrice de la terre, des courans électriques seront aussi la cause de celle d'un aimant sur un autre aimant; d'où il suit qu'un aimant doit être considéré comme un assemblage de courans électriques qui ont lieu dans des plans perpendiculaires à son axe, dirigés de manière que le pole austral de l'aimant, qui se porte du côté du nord, se trouve à droite de ces courans, puisqu'il est toujours à gauche d'un courant placé hors de l'aimant; et qui lui fait face dans une direction parallèle, ou plutôt ces courans s'établissent d'abord dans l'aimant suivant les courbes fermées les plus courtes, soit de gauche à droite, soit de droite à gauche, et alors la ligne perpendiculaire aux plans de ces courans devient l'axe de l'aimant, et ses extrémités en deviennent les poles. Ainsi, à chacun des poles d'un aimant, les courans électriques dont il se compose sont dirigés suivant des courbes fermées concentriques; j'ai imité cette disposition autant qu'il était possible avec un courant électrique, en en pliant le fil conducteur en spirale : cette spirale était formée avec un fil de laiton et terminée par deux portions rectilignes de ce même fil, qui étaient renfermées dans deux tubes de verre (1), afin qu'elles ne communiquassent pas entre elles, et pussent être attachées aux deux extrémités de la pile.

Suivant le sens dans lequel on fait passer le courant dans une telle spirale, elle est en effet fortement attirée ou repoussée par le pole d'un aimant qu'on lui présente de manière que la direction de son axe soit perpendiculaire au plan de la spirale, selon que les courans électriques de la spirale et du pole de l'aimant sont dans le même sens ou en sens contraire. En remplaçant l'aimant par une autre spirale dont le courant soit dans le même sens que le sien, on a les mêmes attractions et répulsions; c'est ainsi que j'ai découvert que deux courans électriques s'attirent quand ils ont lieu dans le même sens, et se repoussent dans le cas contraire.

En remplaçant ensuite, dans l'expérience de l'action mutuelle d'un des poles d'un aimant et d'un courant dans un fil métallique plié en spirale, cette spirale

---

(1) J'ai depuis changé cette disposition, comme je le dirai ci-après.

par un autre aimant, on a encore les mêmes effets,
soit en attraction, soit en répulsion, conformément à
la loi des phénomènes connus de l'aimant; il est évident d'ailleurs que toutes les circonstances de ces derniers
phénomènes sont une suite nécessaire de la disposition
des courans électriques que j'y admets, d'après la manière dont ces courans s'attirent et se repoussent.

J'ai construit un autre appareil où le fil conducteur
est plié en hélice autour d'un tube de verre; d'après la
théorie que je me suis faite de ces sortes de phénomènes,
ce conducteur doit présenter, quand on y fera passer le
courant électrique, une action semblable à celle d'une
aiguille ou d'un barreau aimanté, dans toutes les circonstances où ceux-ci agissent sur d'autres corps, ou
sont mus par le magnétisme terrestre (1). J'ai déjà
observé une partie des effets que j'attendais de l'emploi
d'un conducteur plié en hélice, et je ne doute pas que
plus on variera les expériences fondées sur l'analogie
qu'établit la théorie entre cet instrument et un barreau
aimanté, plus on obtiendra de preuves que l'existence

---

(1) Quand j'écrivais cela, je ne connaissais pas bien celle
des deux actions exercées par une hélice, qui correspond
aux projections de ses spires sur son axe, et je croyais qu'on
pouvait la négliger, ce qui n'est pas; mais tout ce que je
dis ici sera vrai si on l'entend d'une hélice où l'on ait détruit
cette action par un courant rectiligne opposé, établi dans
le tube de verre qu'elle entoure de ses spires, en sorte qu'il
ne reste plus que l'action qu'exerce chaque spire dans un
plan perpendiculaire à l'axe de l'hélice, ainsi que je l'ai ex-
pliqué dans le premier paragraphe de ce Mémoire.

des courans électriques dans les aimans est la cause unique de tous les phénomènes magnétiques.

Je ne pus achever la lecture que je fis à l'Académie de ce que je viens de transcrire, que dans la séance du 25 septembre; je terminai cette lecture par un résumé où je déduisais, des faits qui y étaient exposés, les conclusions suivantes :

1°. Deux courans électriques s'attirent quand ils se meuvent parallèlement dans le même sens; ils repoussent quand ils se meuvent parallèlement en sens contraire.

2°. Il s'ensuit que quand les fils métalliques qu'ils parcourent ne peuvent que tourner dans des plans parallèles, chacun des deux courans tend à amener l'autre dans une situation où il lui soit parallèle et dirigé dans le même sens.

3°. Ces attractions et répulsions sont absolument différentes des attractions et répulsions électriques ordinaires,

4°. Tous les phénomènes que présente l'action mutuelle d'un courant électrique et d'un aimant, découverts par M. OErsted, que j'ai analysés et réduits à deux faits généraux dans un Mémoire précédent, lu à l'Académie le 18 septembre 1820, rentrent dans la loi d'attraction et de répulsion de deux courans électriques, telle qu'elle vient d'être énoncée, en admettant qu'un aimant n'est qu'un assemblage de courans électriques qui sont produits par une action des particules de l'acier les unes sur les autres analogue à celle des élémens d'une pile voltaïque, et qui ont lieu dans des plans perpendiculaires à la ligne qui joint les deux poles de l'aimant.

5°. Lorsque l'aimant est dans la situation qu'il tend à prendre par l'action du globe terrestre, ces courans sont dirigés dans le sens opposé à celui du mouvement apparent du soleil ; en sorte que quand on place l'aimant dans la situation contraire, afin que ceux de ses poles qui regardent les poles de la terre soient de même espèce qu'eux, les mêmes courans se trouvent dans le sens du mouvement apparent du soleil.

6°. Les phénomènes connus qu'on observe lorsque deux aimans agissent l'un sur l'autre rentrent dans la même loi.

7°. Il en est de même de l'action que le globe terrestre exerce sur un aimant, en y admettant des courans électriques dans des plans perpendiculaires à la direction de l'aiguille d'inclinaison, et qui se meuvent de l'est à l'ouest, au-dessous de cette direction.

8°. Il n'y a rien de plus à l'un des poles d'un aimant qu'à l'autre ; la seule différence qu'il y ait entre eux est que l'un se trouve à gauche et l'autre à droite des courans électriques qui donnent à l'acier les propriétés magnétiques.

9°. Lorsque Volta eut prouvé que les deux électricités, positive et négative, des deux extrémités de la pile s'attiraient et se repoussaient d'après les mêmes lois que les deux électricités produites par les moyens connus avant lui, il n'avait pas pour cela démontré complètement l'identité des fluides mis en action par la pile et par le frottement ; mais cette identité le fut, autant qu'une vérité physique peut l'être, lorsqu'il montra que deux corps, dont l'un était électrisé par le contact des métaux, et l'autre par le frottement, agissaient l'un sur l'autre,

dans toutes les circonstances, comme s'ils avaient été
tous les deux électrisés avec la pile ou avec la machine
électrique ordinaire. Le même genre de preuves se trouve
ici à l'égard de l'identité des attractions et répulsions des
courans électriques et des aimans. Je viens de montrer à
l'Académie l'action mutuelle de deux courans ; les phénomènes anciennement connus relativement à celle de
deux aimans rentrent dans la même loi ; en partant de
cette similitude, on prouverait seulement que les fluides
électriques et magnétiques sont soumis aux mêmes lois,
comme on l'admet depuis long-temps, et le seul changement à faire à la théorie ordinaire de l'aimantation
serait d'admettre que les attractions et répulsions magnétiques ne doivent pas être assimilées à celles qui résultent de la tension électrique, mais à celles que j'ai ob-
servées entre deux courans. Les expériences de M. OErsted, où un courant électrique produit encore les mêmes
effets sur un aimant, prouvent de plus que ce sont les
mêmes fluides qui agissent dans les deux cas.

Dans la séance du 9 octobre, j'insistai de nouveau sur
cette identité de l'électricité et de la cause des phénomènes magnétiques, en montrant que l'aimant ne jouit
des propriétés qui le caractérise que parce qu'il se trouve,
dans les plans perpendiculaires à la ligne qui en joint les
poles, la même disposition d'électricité qui existe dans
le conducteur par lequel on fait communiquer les deux
extrémités d'une pile voltaïque ; disposition que j'ai
désignée sous le nom de *courant électrique,* tout en in-
sistant, dans les Mémoires que j'ai lus à l'Académie, sur
ce que l'identité des parallèles magnétiques et des conducteurs d'une pile de Volta, que j'avais surtout en vue

d'établir, était indépendante de l'idée, quelle qu'elle fût, qu'on se faisait de cette disposition électrique.

Pour mettre dans tout son jour l'identité des courans des conducteurs voltaïques et de ceux que j'admets dans les aimans, je me suis procuré deux petites aiguilles fortement aimantées, garnies au milieu d'un double crochet en laiton, portant une flèche qui indique la direction du courant de l'aimant; j'ai fait représenter une de ces aiguilles de face, et l'autre de champ, à côté de la figure 1re. ab est l'aiguille, cd le double crochet, ef la flèche. Au moyen du double crochet, ces aiguilles s'adaptent, quand on veut les y placer, sur les conducteurs AB, CD (fig. 1), dans une situation où la ligne qui joint leurs poles est verticale, et où leurs courans, toujours parallèles aux conducteurs, sont à volonté dirigés dans le même sens ou dans des sens opposés. Voici l'usage de ces aiguilles : après avoir produit les attractions et répulsions entre les conducteurs AB, CD, en faisant passer dans tous deux le courant électrique, on ne le fait plus passer que dans l'un des deux, et on place sur l'autre une des aiguilles aimantées dans la situation que je viens d'indiquer, de manière que le courant que j'admets dans l'aiguille soit d'abord dans le même sens que celui qui avait lieu auparavant dans le conducteur auquel elle est adaptée; on voit alors que le phénomène d'attraction ou de répulsion, qu'offraient d'abord les deux conducteurs, continue d'avoir lieu en vertu de ce que j'ai nommé l'*action attractive ou répulsive* au commencement de ce paragraphe; on place ensuite la même aiguille de manière que son courant soit dirigé en sens contraire, et on obtient le phénomène inverse, en vertu

5

de la même action, précisément comme si on avait changé la direction du courant que cette aiguille remplace, en faisant communiquer, dans un ordre opposé à celui qui avait d'abord été établi, les deux extrémités de la pile avec celles du conducteur de ce courant.

Enfin, en ne faisant plus passer de courant électrique dans aucun des deux conducteurs, et en plaçant sur chacun une aiguille aimantée toujours dans la même situation verticale où son axe fait un angle droit avec le conducteur qui la porte, pour que ses courans continuent d'être parallèles à ce conducteur, on a de nouveau, d'après l'action connue de deux aimans l'un sur l'autre, les mêmes attractions et répulsions que quand des courans étaient établis dans les deux conducteurs, lorsque les courans des aiguilles sont tous deux dans le même sens, ou tous deux en sens contraire, relativement aux courans électriques qu'ils remplacent, et des phénomènes inverses quand l'un est dans le même sens et l'autre dans le sens opposé; le tout conformément à la théorie fondée sur l'identité des courans de l'aimant et de ceux qu'on produit avec la pile de Volta.

On peut aussi vérifier cette identité dans l'instrument représenté fig. 2. En remplaçant le conducteur fixe *AB* par un barreau aimanté situé horizontalement dans une direction perpendiculaire à celle de ce conducteur, et de manière que les courans de cet aimant soient dans le même sens que le courant électrique établi d'abord dans le conducteur fixe, on ne fait plus alors passer le courant que dans le conducteur mobile, et on voit que celui-ci tourne par l'action de l'aimant précisément comme il le faisait dans l'expérience où le courant était établi dans les deux conducteurs, et où il n'y avait point

de barreau aimanté. C'est pour attacher ce barreau, que
j'ai fait joindre à cet appareil le support XY, terminé en
Y par la boîte Z ouverte aux deux bouts où l'on fixe
l'aimant dans la position que je viens d'expliquer au
moyen de la vis de pression V.

Quant à l'appareil représenté pl. 5, fig. 11, on voit
par cette figure que les moyens de communication avec
les extrémités de la pile, et le mode de suspension du
conducteur mobile, étant à-peu-près les mêmes que dans
celui qui est représenté dans la fig. 1re, ces deux instrumens
ne diffèrent qu'en ce que, dans celui de la fig. 11, les deux
conducteurs A, B sont pliés en spirale, et le conducteur
mobile B suspendu à un tube de verre vertical CD. Ce
tube est terminé inférieurement au centre de la spirale
que forme ce conducteur, et reçoit dans son intérieur
le prolongement du fil de laiton de cette spirale; ce prolongement arrivé en D, au haut du tube, y est soudé à
la boîte de cuivre E, qui porte le tube de cuivre V où
entre à frottement le contre-poids H, et une pointe
d'acier L qu'on plonge dans le globule de mercure de
la chape Y, tandis que l'autre extrémité du même fil de
laiton, après avoir entouré le tube CD en forme d'hélice, vient se souder à la boîte de cuivre D, à laquelle
s'attache l'autre pointe d'acier K destinée à être plongée
aussi dans un globule de mercure placé dans la chape X.
Ces deux chapes sont d'acier, afin de n'être point endom-
magées par le mercure; les pointes reposent sur leur
surface concave comme dans l'instrument représenté fig. 1.

Ce serait ici le lieu de parler d'un autre genre d'action des courans électriques sur l'acier, celle par laquelle
ils lui communiquent les propriétés magnétiques, et de
montrer que toutes les circonstances de cette action,

dont nous devons la connaissance à M. Arago, sont autant de preuves de la théorie exposée dans ce Mémoire relativement à la nature électrique de l'aimant; théorie dont il me semble qu'on peut dire que ces preuves complètent la démonstration. J'aurais aussi, pour ne rien omettre de ce qui est connu sur l'action mutuelle des fils conjonctifs et des aimans, à parler d'expériences très-intéressantes communiquées à l'Académie dans un Mémoire qu'un physicien plein de sagacité, M. Boisgiraud, a lu dans la séance du 9 octobre 1820. Une de ces expériences ne laisse aucun doute sur un point important de la théorie de l'action mutuelle d'un fil conducteur et d'un aimant, en prouvant que cette action a lieu entre ce conducteur et toutes les tranches perpendiculaires à la ligne qui joint les deux poles du petit aimant soumis à son action, sans se développer avec une plus grande énergie sur les poles de cet aimant, comme il arrive lorsqu'on observe l'action que les divers points de la longueur d'un barreau aimanté exercent sur une petite aiguille. Mais les découvertes de M. Arago ont été exposées par lui-même dans les *Annales de Chimie et de Physique* (t. xv, p. 93-102), et j'aurai occasion, dans le Mémoire suivant (1), de parler des expériences de M. Boisgiraud, et d'en déduire les conséquences qui découlent naturellement des faits qu'il a observés.

_____

(1) Comme ce que j'ai à dire sur l'action mutuelle de deux aimans se compose bien moins de faits nouveaux que de calculs par lesquels on ramène cette action à celle de deux courans électriques, j'ai cru devoir renvoyer à ce second Mémoire, le paragraphe où je me proposais d'examiner dans celui-ci les lois suivant lesquelles elle s'exerce, et de montrer que ces lois sont une suite nécessaire de la cause que je lui ai assignée dans les conclusions que j'ai lues à l'Académie le 25 septembre dernier.

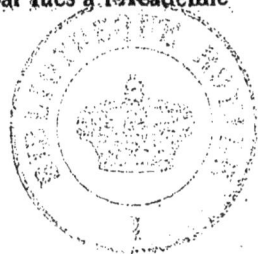

Pl. 1.

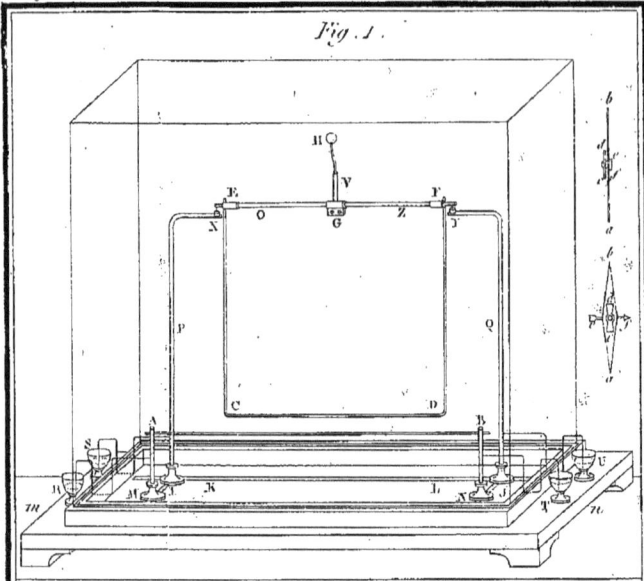

Fig. 1.

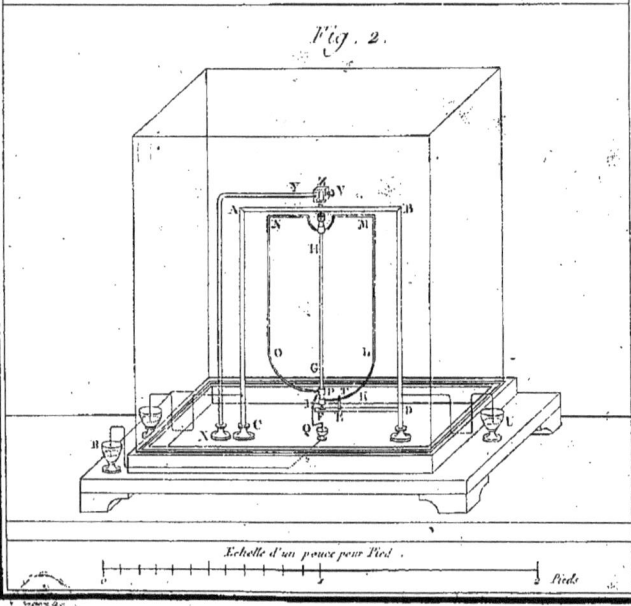

Fig. 2.

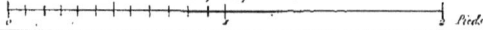

Echelle d'un pouce pour Pied.

Pieds

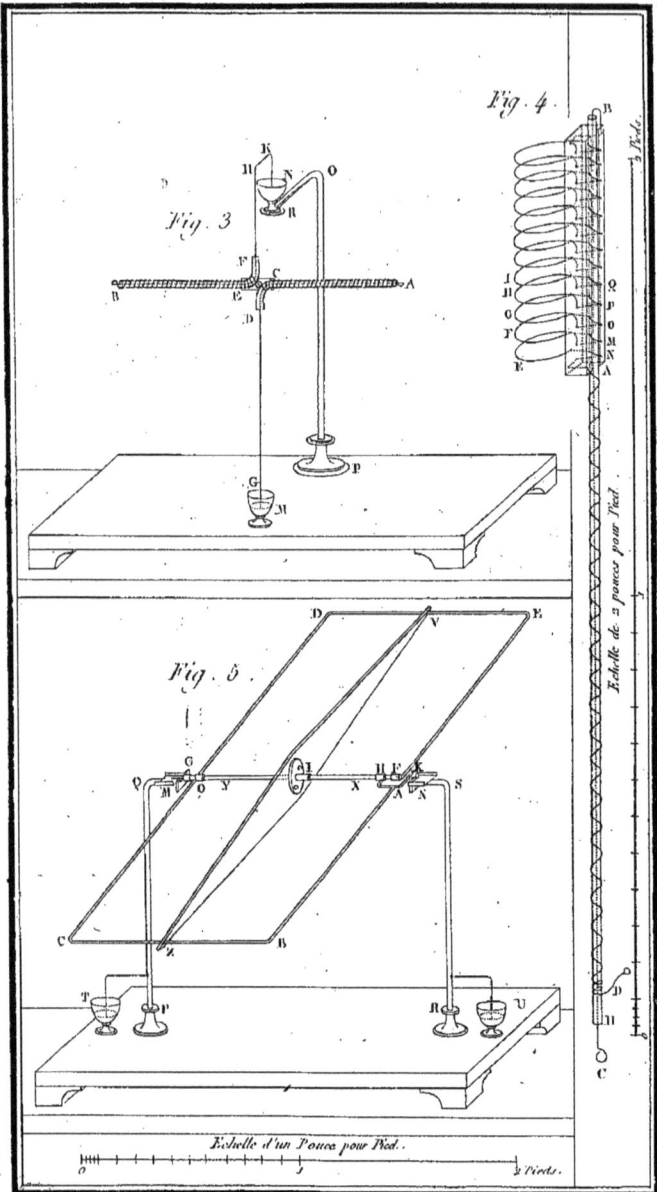

Pl. 2.

Fig. 4.

Fig. 3.

Fig. 5.

Echelle de 3 pouces pour Pied.

Echelle d'un Pouce pour Pied.

Adam Sculp.

Pl. 3.

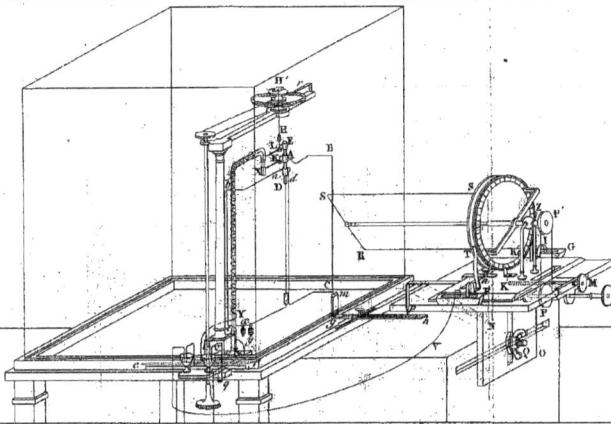

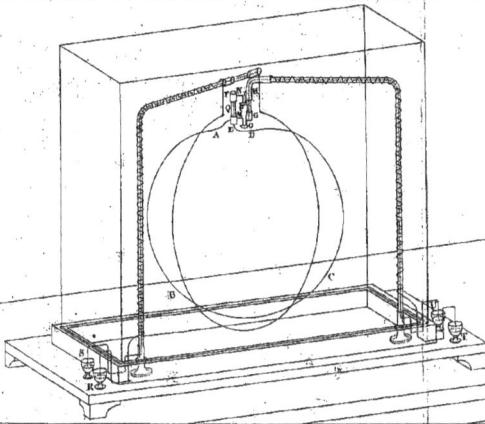

Echelle, d'un pouce pour pied, pour les parties parallèles au tableau.

Pl. 4.

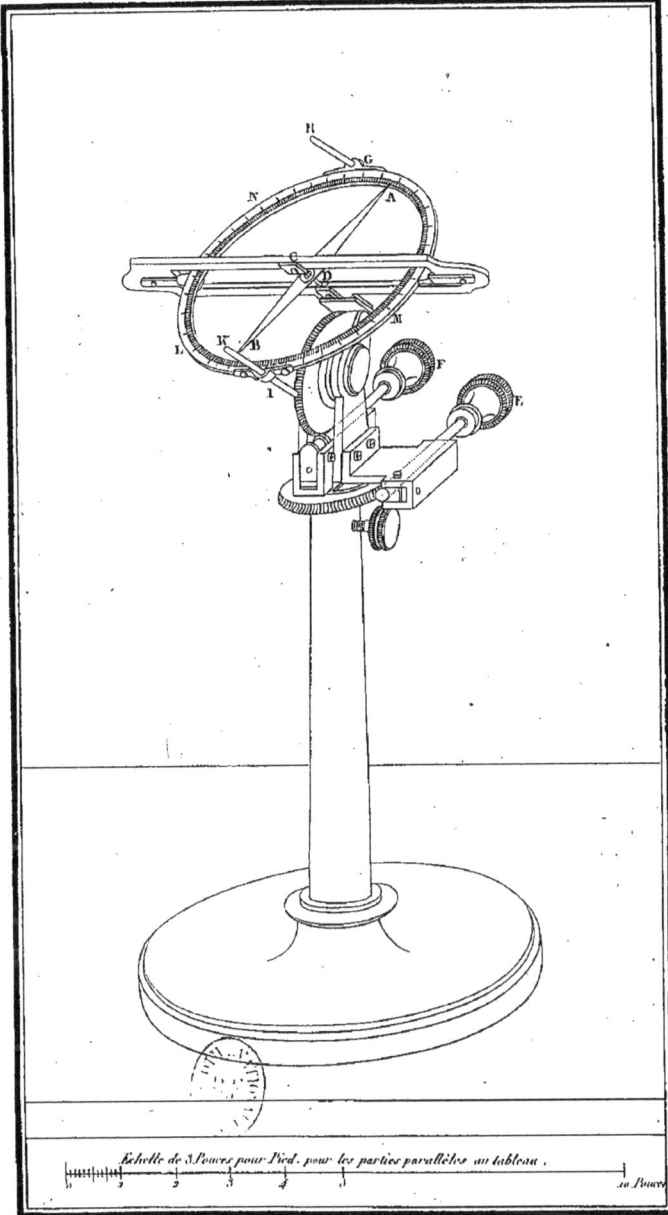

Echelle de 3 Pouces pour Pied, pour les parties parallèles au tableau.

10 Pouces

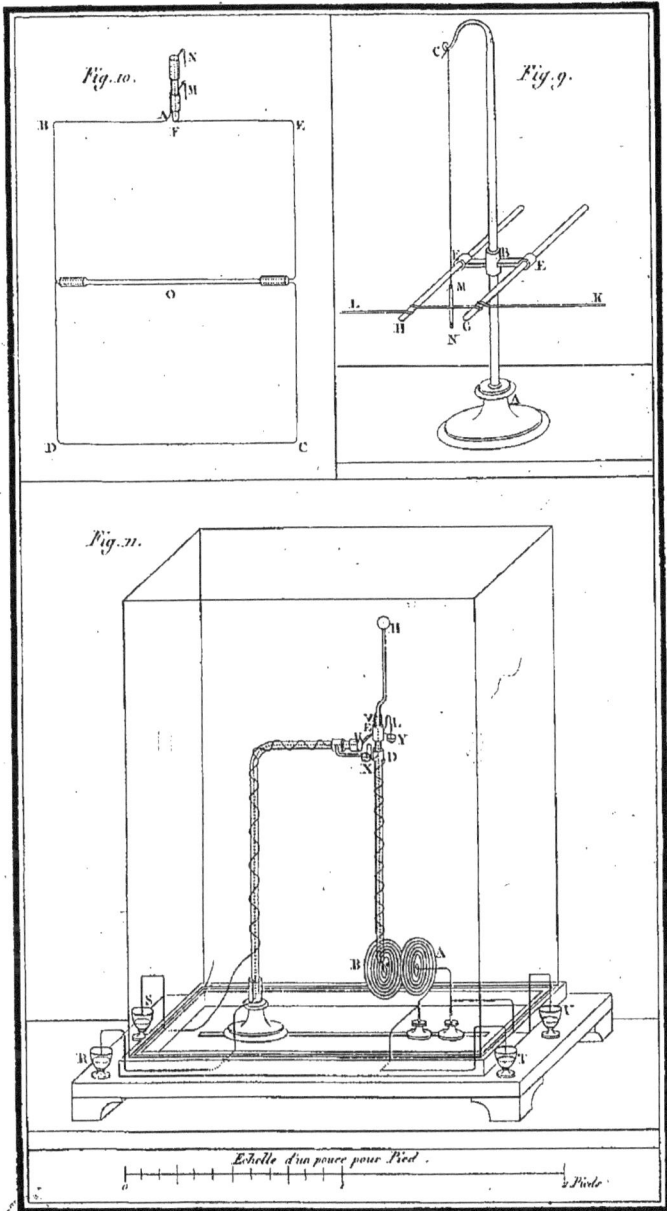

Pl. 5.

Fig. 10.

Fig. 9.

Fig. 11.

Echelle d'un pouce pour Pied.

2 Pieds

Girard del.

Adam Sculp.

www.ingramcontent.com/pod-product-compliance
Lightning Source LLC
Chambersburg PA
CBHW071246200326
41521CB00009B/1642